心理学与气质修炼

畅销3版

赵 舜◎著

中国法制出版社
CHINA LEGAL PUBLISHING HOUSE

前　言

心理学上的气质是一个专业的概念，相当于我们平常所说的脾气、秉性。对外界的刺激是否敏感，反应是否敏锐，适应环境的能力是强还是弱，情绪稳定还是多变，专注于内心世界还是外部世界，这些都是衡量一个人气质的维度。最典型的气质类型包括胆汁质、多血质、黏液质、抑郁质。我们先不要简单地对号入座，这只是四种典型的气质类型。

在本书中，我们将在更广泛的意义上使用气质这个概念。它是一个人内在修养与外在形象的综合体现，贯穿于生活的方方面面。生活中的每一个瞬间都展现着我们与众不同的气质，穿衣打扮、言谈举止、待人接物、情趣涵养，都是气质的自然流露。那么，如何塑造出众的气质呢？

从容自信的心态让你的气质有了灵魂。处事低调，遇事坦然，心态阳光，面带如沐春风的微笑，这样的人由内而外流露出的气质令人折服。

气质不仅仅是穿衣打扮、仪表形象，幽默得体的谈吐、待人接物的风度都是气质的展现。专注地倾听，恰到好处地赞美，说话有分寸，展现的是练达、稳重、善解人意的成熟气质。若是满嘴抱怨，天天八卦，那气质又从何谈起？

强者和勇者的气质是最能触动人心的，他们散发出的人格魅力可以征服所有人。他们心胸广阔、百折不挠，游刃有余地驾驭自己的情绪，主宰自己的命运。从他们身上，我们看到的是一种积极进取的气质，是人生旅途中最亮丽的风景。

气质会从细节中流露出来，像涓涓细流一样。从容不迫的步伐、彬彬有礼的举止、独处时的恬静、运动时的矫健、一卷在手时的儒雅，展现的都是出众的气质。要修炼好气质，那就从细节做起吧！

目　录

第一章

揭开那最神秘的面纱

大部分的人对气质的概念的认知是模糊的、不全面的。他们的评判标准是自己感觉的好坏，就如自己身上没有的东西，如果在他人的身上看到了，我们就觉得那个人出类拔萃，有时候仅仅是因为出类拔萃，就觉得他很有气质。

它如钻石一样，是“美丽”的源泉

日常生活当中，如果遇到让自己动情的女孩子，人们会说她是一个“气质美女”。这里所说的“气质”，是用来修饰“美女”的。意思就是，这个女孩子，不仅人长得漂亮，而且还有内涵。像这种形式的赞赏，在我们的生活中是非常普遍的，“那个人好有气质呀”“那个人真没有气质”，说这话的人比比皆是，但是这种表述到底对不对呢？

大部分的人对气质的概念的认知是模糊的、不全面的。他们的评判标准是自己感觉的好坏，就如自己身上没有的东西，如果在他人的身上看到了，我们就觉得那个人出类拔萃，有时候仅仅是因为出类拔萃，就觉得他很有气质。久而久之，在一个人的脑海里面，“出类拔萃”就成了气质的代言词。人们常把气质当作褒义词来用，认为一个没有气质的人就是没有内涵修养的人，一个有气质的人即使生活在贫民窟里面，也会鹤立鸡群，所有的一切自然而然地超越于众人。

那到底什么是气质呢？气质是一个人的姿态、穿着打扮、长相等众多因素结合在一块，给人的一种心理感觉。就像一个女人佩戴的钻石项链一样，它会让一个人神采奕奕，充满魅力。

在大学里，小悠和小韩是同班同学。在班上，大家一致认为小韩是最漂亮的女孩子，皮肤滑如白玉，长着一张精致的脸，但就是这张精致的脸，总让人有种说不出来的感觉，觉得在她的身上欠缺点什么。有人说，她的眼睛长得有点像鱼的眼睛，浮肿且无神。反观小悠，人长得不高，皮肤也不如小韩的好，但是你和她交谈的时候，就会被她那双炯炯有神的眼睛所吸引。因而，大家都说小韩虽然长得很漂亮，但是却没有气质；而小悠呢，不那么漂亮却很有气质。

“姜太公钓鱼，愿者上钩”这个典故，想必大家都耳熟能详。它讲的是，在商朝末年，纣王残暴昏庸，让百姓处于水深火热之中。而周文王心系天下百姓，外出狩猎时，在渭水边看到一位老者在垂钓，老者穿着布衣，却没能掩盖他仙风道骨般的气质。周文王被他吸引住了，上前细看，他钓鱼的鱼竿离水面还有一段距离，而且那鱼钩是直的，不是弯的，上面也没有钓饵。姜子牙说：“愿意上钩的鱼儿自己上来。”文王敬他为圣人，于是和他倾谈。周文王发现姜子牙是个志向远大、学问渊博的人，上知天文，下知地理。于是，文王就把姜子牙请回去做自己的军师。

姜子牙的垂钓并不是自得其乐，姜太公钓鱼，愿者上钩。假如没有他那超凡脱俗的气质，一个老头又怎么会被周文王看中，并且被任命为军师。进一步说，如果没有这种气质，他也没有机会参与到后来的牧野之战，也成不了周朝的开国元勋。

可见，一个人如果气质出众，会容易被更多的人关注，到最后连机会都可能垂青于你。

人的气质本身没有好坏之分，气质类型也没有优劣之别。庄子在《秋水》中提到“以道观之，物无贵贱”，意思是说，从道上来看，万物是没有高低贵贱之分的。不过，我们每个人身上的不同又客观地存在，并时时展现在我们的生活当中。

审视自己，学会和自己相处

心理学上的气质是由人的生理素质或身体特点反映出的人格特征，是人格形成的原始条件之一。在新生儿期即有表现，比如有的婴儿相对安静，有的婴儿更爱哭哭啼啼，这必然会影响其父母或哺育者与婴儿之间的互动关系。我们都知道，父母是孩子的第一位老师，如果父母和孩子之间的互动关系受到了影响，那么孩子的人格形成也会受到不同程度的影响。气质与人格的区别在于，人格的形成除了以气质、体质等先天禀赋为基础外，社会环境的影响起决定性作用，而气质多指人格中的先天倾向。

气质是一个古老的心理学问题，早在公元前 5 世纪的时候，古希腊著名医生希波克拉底就提出了四种体液的气质说。他认为人的体内有着四种体液，分别为血液、黏液、黄胆汁和黑胆汁。假如我们体内的四种体液能够谐调的话，我们的身体就会安然无恙；假如我们体内的四种体液失调的话，我们就会生病。最后，他还根据我们体内不同的体液所占比例的多少，把我们的气质细分为了四种类型——胆汁质、多血质、黏液质和抑郁质。

胆汁质类型的人的优点在于有毅力，对事物有着饱满的热情，并且富有创造性。所以适合这种类型的职业有：管理工作、外交工作、驾驶员、服装纺织业、餐饮服务业、医生、律师、运动员、冒险家、新闻记者、军人、演员等。

多血质类型的人所表现出的特点是，有朝气、热情，活泼好动，有坚强的毅力、过人的胆识，善于交际，具有外倾性。该类型的人适应能力强、善于与人打交道，能在新的工作环境当中快速找到融入其中的方法。因为他们性格活泼、热情，这一类人适合在具有服务性质的行业当中工作，譬如导游、推销员、节目主持人、演讲者、外事接待人员、演员、市场调查员、监督员等。

黏液质类型的人，因为在情绪方面表现得非常沉着冷静，不轻易发脾气，在行为方面又表现为沉默寡言，心胸很宽广，能屈能伸，不拘小节。所以通常这种人适合做医务人员、会计、话务员、调解员、教师、人事主管等。

抑郁质类型的人柔弱、易疲倦、敏感、易多愁善感、胆小却聪明，善于观察到别人不易觉察的细小事物，容易变得孤僻。所以比较适合的职业是：校对、打字、排版、检察员、雕刻工作、刺绣工作、保管员、机要秘书、艺术工作者、哲学家、科学家等。

以上我们只是介绍了四种气质类型典型的表现。这四种不同气质的人，在处理同一件事情时又是如何表现的呢？

曾经有人设计了“商场退货”的问题情景，对拥有不同气质的人进行了观察研究，研究发现，他们在面对同样的事情时出现了截然不同的行为。

胆汁质的人会和售货员据理力争，表现得很急躁，在争吵的过程中甚至出现辱骂售货员的行为。在商场经理调解之后退掉了自己的商品，还会埋怨售货员太死板，不够通情达理。

多血质的人明白售货员做不了主，于是他直接去找商场经理要求退货，巧妙地解决了问题。

黏液质的人看到售货员不给自己退货，表现得很淡定，不急不躁，耐心地和售货员讲道理。于是在他的软磨硬泡当中，还是把商品给退掉了。

而抑郁质的人看到上面的情况，什么都不做，垂头丧气地离开商场，自认倒霉。

在现实生活当中，不是每一个人都能恰好归入某一个气质类型中，除了少数人具备某种气质类型的典型特点之外，大部分人都是属于中间型或者是混合型，也就是说具备某种气质类型特点之外还兼备其他气质类型的特点。

气质与日常生活中人们所说的脾气、性格、性情等含义非常相近。有的人活泼好动、反应灵敏，有的人总是安静稳重、反应缓慢，有的人不论做什么都显得很急躁，有的人情绪总是那么波澜不惊。老子说：“知人者智，自知者明。”意思是说，能认识别人的叫作机智，能认识自己的才算高明。在社会生活当中，我们首先要做的就是认识自我。我们一辈子都在路上，所以至少要先学会如何跟自己相处。

对号入座，看看你是什么气质

教育家孔子早在2000多年前就认识到人的气质存在差异。他认为："不得中行而与之，必也狂狷乎？狂者进取，狷者有所不为也！"意思就是说，狂者这一类人富有积极进取的精神，敢作敢为，对客观事物保持积极向上的态度；狷者就是处事风格谨慎，做事瞻前顾后、缩手缩脚。只有介乎两者之间的中行者既不过分进取，也不过分拘谨。

现在心理学对气质的一些探究仍然会按希波克拉底的分类，即把气质分为胆汁质、多血质、黏液质和抑郁质这四大类。

小赵是一个活泼热情的女孩子，有一双大大的眼睛，很招人喜欢，待人真诚，为班集体做事不遗余力，同学经常看到她在教室打扫卫生、擦桌子。但就是这么一个招人喜欢的小女孩，却像是一个"炸药桶"一样，一遇到不开心的事情，轻则号啕大哭，重则撕书撕纸。其实她所遇到的"不开心的事情"都是一些微不足道的问题，比如，考试的成绩不理想，上课忘带自己的课本，等等。事后班主任也开导过她，她也承认自己做得不好，表示一定改正，但总是反反复复出现类似的情绪波动，难以解决。

小赵就是一个典型的胆汁质气质的人，这一类人通常表现为，精力旺盛、热情、脾气暴躁，心境变化无常。我们都知道，气质是一种先天的禀赋，同时它也受后天的环境和习惯的影响，也就是说小赵暴躁的脾气性格，一定有促使她养成这种气质的环境存在。随后，大家了解到小赵的妈妈是个很强势的人，在工作单位深受领导的喜爱，她非常严格地要求自己的孩子，只要小赵出现一点点问题，小赵的妈妈就控制不住自己的情绪，而辱骂她。长期生活在这样的环境中，小赵在无形之中就形成了条件反射，只要遇到不顺心的事情就会大发雷霆。

不过，我们遇到的 80% 的争吵，都是来源于彼此之间缺乏沟通，脾气暴躁的人不是不讲道理，他们是可以坐下来好好沟通的，只是他们在处理一些事情上急躁了点。如果能够坐下来好好沟通的话，他们就会慢慢改掉这个不良习惯。

王亮是一个积极热情的人，愿意为自己的事业努力奋斗。他乐于和朋友分享自己的快乐。作为某公司的职员，他在办公室里人缘很好，而且工作能力出众，深得领导的喜爱。

最近因为公司在考察员工升职的问题，他觉得这个机会非他莫属，然后像往常一样把这件好事分享给了自己周围的朋友。不久后，当他得知自己没有升职加薪时，感到十分失落，他想不通，自己做事这么积极，居然背后还有人放冷箭。这次打击让他郁闷了很久。后来一个偶然的机会他才得知，是自己最好的哥们儿向自己放了冷箭，当王亮去质问他的时候，好哥们儿的回答让他十分震惊，他觉得王亮的人缘太好了，为了让他过得不那么快乐，所以才去说他的坏话。

王亮是标准的多血质性格。这种类型的人特质非常明显，活泼开朗、热情洋溢、善于交际，喜欢有新鲜感的生活，不愿意被束缚。但是这种人会有这样一种心理，希望通过自己开心愉快的生活，娱乐自己和他人，利用自己积极乐观的心态将生活中遇到的不开心、不快乐的事情都化为乌有。他们就是典型的抱有乐观的态度，相信明天一定会更好的那种人。

因为不会对自己的行为顾虑太多，只要是自己想说、想做的，就会毫无顾忌地讲出来。这一点很容易让他们陷入“锋芒毕露”的境地，会招来嫉妒。“明枪易躲，暗箭难防”，这类人通常会成为小人打击的对象。

所以，我们要学会保持一定程度的冷静，不要在任何时候都展示自己的热情，而应当学会适当沉默。就好像王亮一样，如果是等自己升职之后再去和大家分享，那么自己就不会失去这样宝贵的机会。

在《红楼梦》一书当中，我们经常看到黛玉用诗词来表达自己内心的情感，其中成就最高的就属《葬花吟》了，黛玉看到了花瓣的凋零，联想到了自己身世的坎坷，寄人篱下，也不知道自己日后会是什么样的结局，因而伤心落泪。

黛玉的气质类型就属于抑郁质，在大观园中，黛玉的大部分诗词都是以悲为主调的，因为自己身体的不适，让她在思考事情的时候，会往消极的方向思考。这种气质类型的人情感是很脆弱的，情感发生缓慢且持久，遇事敏感，性格孤僻。

至于黏液质，读过《红楼梦》这本书的人可以想象一下薛宝钗的个性特点。

上面所说的，我们大可以用“三岁看大，七岁看老”来解释，这是因为气质是具有相对稳定性的，但是保持稳定性的同时它又具有可塑性。个人成长过程中，家庭、教育、环境、职业训练等因素都会影响气质的形成。因此，一个人若能更明确地了解自己的气质类型和气质特征，就能更好地调节自己的情绪和行为，更好地去适应社会环境和生活。

认清自己，才能享受快乐人生

杨修在《三国演义》的众多人物中，作为管曹操军政钱粮的主簿，和诸葛亮、周瑜这些人相比较，自然也就算不上什么主要人物，他出场的次数不多，但其中有几个地方描写得却精彩至极。

曹操修建了一座后花园，在完工视察的时候，曹操对花园没有赞赏和评价，只是在花园的门上写了一个“活”字便走了。众人都不理解这是什么意思，只有杨修明白了其中的含义，门里加个活就是“阔”，于是令人扩大院门，曹操知道后“心甚忌之”。

曹操得知夏侯渊被黄忠所杀，便亲率大军20万为夏侯渊报仇，却连遭挫败。这天，曹操看到厨房送来的鸡汤，觉得目前的战局很像啃鸡肋骨，丢掉舍不得，要吃却没什么肉。此时，夏侯惇来请示夜间的口令，曹操随口而答：“鸡肋！鸡肋！”杨修听到这一口令，猜测“鸡肋”食之无味，弃之可惜，说明曹操有退兵的打算，随即吩咐随行军士收拾行装，准备归程。曹操知道后大怒，以“乱我军心”论罪，将杨修处斩了。

杨修的死，只不过是《三国演义》里面的一个小小插曲，但是他的死却对我们有着重大的借鉴意义。现实生活中，跟杨修一样的人其实不少，这部分人很有才华，不把他人放在眼里，认为自己很有能力，就变得“放旷”起来，到最后自己也没落得什么好的下场。

人最可悲的就是看不清自己和周围所处的环境，我们总是认为自己是对的，以为自己很聪明，常常把自己的观点强加在他人的身上。其实，每个人的身上都有优点和缺点，我们要善于发现自己不足的地方，只有这样我们才能更早地认清自己，才能去改变自己，让自己快速地走向成熟，散发自己的人格魅力，拥有出众的气质。

大千世界，无奇不有。在茫茫海洋中有一种神奇的动物——章鱼。章鱼力大无比，体重高达70磅，然而更神奇的是章鱼身体里没有脊椎，它的身体非常柔软，柔软到几乎可以将自己塞进任何地方。在日常生活中，章鱼最喜欢干的事情就是将自己的身体塞进海螺壳里，用自己的毒液将它们毒死，然后美餐一顿。

然而，由于章鱼的身体中含有很多营养物质，人们开始捕猎章鱼，但章鱼的“缩骨术”非常高明，最开始人们很难捕捉到它。后来经过渔民的细心观察，发现章鱼喜欢钻进“别人居住”的地方，于是，渔民将小瓶子用绳子串在一起沉入海底。章鱼一看见小瓶子，都争先恐后地往里面钻，它们丝毫不在乎瓶子的宽窄和大小。到最后让自己走进了死胡同，成为人们桌上的美食。

到底是什么囚禁了章鱼？有人可能回答说：“是瓶子。”其实，从另一个角度来说，囚禁它的不是渔民的瓶子，而是它们自以为傲的特长！

在这个世界上，有多少人正像章鱼一样，本来有着令人羡慕的特长，却自命不凡、固执己见，结果囚禁了自己，葬送了未来。

世界上没有十全十美的人。因此，我们要清楚地认识到自己的缺点，要敢于承认自己不足的地方，并努力地去改正它。唯有如此，我们自身才能不断地完善，人生才能变得更加精彩！

第二章

成为一道亮丽的风景线

法国设计大师夏奈尔曾经说过："当你穿得邋邋遢遢的时候，人们在意的是你的衣服；当你穿得无懈可击的时候，人们开始注意的是你本人。"因此，职业女性在服装穿着方面，不仅要符合对服饰的审美标准和服装礼仪的要求，还要做到遵守职场着装的基本原则，恰到好处地对服装进行挑选和搭配。

活出你的个性，气质与众不同

人和人之间总是存在差距，不管是先天的相貌，还是后天的地位和成就，都会有美丑、高低、大小之分。如果就因为自己的外在容貌不如别人，就一味地去模仿别人的生活方式，丧失自我的话，是得不偿失的。

据说，赵国的首都邯郸的人走路的姿态很好看，动作非常优雅、轻快。燕国有一个少年听到这个传说，非常羡慕邯郸人，就走了很远的路去赵国，想学习邯郸人走路的方法。刚开始，他整天站在街头，仔细研究每个人走路的姿态，再慢慢模仿他们，可是都没有成功。后来，他想可能是受到过去走路习惯的影响，所以，他决定要忘掉以前走路的方法。从那时候起，他更专心地研究邯郸人走路的姿势，不过，再怎么努力他还是学不会，最后他只好放弃。因为他把以前走路的方法忘得一干二净，已经不知道该怎么走路，只好一路爬着回去。当别人看到他的样子时，都忍不住笑他。

每个人都有虚荣心，就像人人爱美一样，但是美丽不是靠模仿出来的。即使你靠模仿出人头地，那也是别人的。你只能生活在他的影子下面。你就是你，你不是他人的翻版。要相信自己是最棒的，勇敢大步地往前走，我们要生活在阳光下而不是生活在别人的影子中。我们每个人都有自己的特性，你虽然没有一张漂亮的脸蛋，但是你拥有着一副好嗓子。上天是公平的，在关闭一扇窗户的时候，他也会为你打开一扇门。所以，我们不需要一味地走别人走过的路，也没有必要去模仿他人的优点。模仿意味着扼杀自己，它只能帮我们一时，帮不了我们一世。所以，我们应当保持自己的本色。

在这个世界中，任何人之间都是存在差异的。就像树叶一样，你远看它们都是一模一样的，但是当你摘下来仔细比较的话，你会发现树叶有大有小、有尖有圆。我们人同样是如此。即使是孪生兄弟姐妹，相貌相差不多，他们同样存在个性的区别。在这个世界上没有相同的两个人，正是因为大家存在着不同之处，才创造出了这个丰富多彩的世界。

生活中总会存在比我们优秀的人。我们不能一味地跟随他们的脚步而不认真地思考一下适合自己的路。看见别人整容了，于是乎你也去整容，看见周围的人都在考研，你也就跟着去考研。习惯拿别人的东西来衡量我们自己，这是不明智的。

在这个世界上，只简单地去模仿别人是很难获得成功的，我们应该保持自己的本色，在顺其自然中发展自己。

板桥体是指郑板桥书写的一种字体，他把楷、隶、行、草四体糅合成一体，并加入画竹、兰的笔意，创造了一种前无古人的新书体，俗称为“六分半体”。他的作品字体大小相兼、疏密相映、排列穿插、浑然一体，十分和谐，别有一番韵味。据说，郑板桥年轻的时候十分喜欢临摹历代书法大家的作品，以至他临摹的作品竟然达到了以假乱真的地步。即使这样，他依旧默默无闻，不被世人所关注。

在一次午休的时候，郑板桥在睡梦中写字，写着写着，就写到自己妻子的身上去了，结果把他的妻子吓了一跳，妻子被吓醒后，怀着不满的心情把郑板桥叫醒，对他说："你有你的身体，我有我的身体，你干吗要写到我的身上来，不在你自己的身上写呢？"说者无心，听者有意。郑板桥从他妻子的话语中受到了启发，从那以后他汲取各家之所长，站在前人的基础上，努力熔铸自己的风格，创造了属于自己的独特字体——"郑板桥体"。从此，他声名大噪，开始被人们誉为书法家。

人生最幸福的事情就是把时间花费在有意义的事情上，做你爱做的，做你想做的。一个人做自己感兴趣的事情，经过努力可以做到最好。只是一味地模仿是无聊的、枯燥的，结果会像邯郸学步一样。你身上留下的都是别人的影子，而不是你自己的风格。

世界上的万物都有着自己与众不同的生活方式，或许你有很多行为在他人眼里是不可理喻的，但那又怎样呢？每个生物都是一个独立的个体，有着自己独特的个性和生活。人类也是这样，如果一个人总是被他人的评价所左右，把精力全部消耗在应付环境及他人的评论之中，以至于没有余力去追求自己的人生理想，那该多么可悲呀！

人生在世，都是为了自己心中的那个理想而活，但在实现理想的过程中，每一步都是那么的曲折、弯转。然而就像鲁迅说的，“地上本没有路，走的人多了，便成了路”。所以，只要认准自己心中的理想，坚定自己所选择的路，不管是多么坎坷泥泞，不管他人怎么看待，只要沿着自己认为正确的方向走，你终将会实现自己的理想，成为一个与众不同的人。

生活中也没有完全的对与错。但在我们身边，很多人不是为了自己而活，他们总是在别人的指指点点下小心翼翼地生活，做一件事总要在意他人的看法与评价，他总是想：“我这样做，外人会怎么评价我呢？”“别人对我是什么看法呢？”“他们该不会笑话我吧”……他们让别人的口水淹没了自己的个性，每走一步都要左顾右盼，直到确定没有任何人的异议后才敢放心地迈出一步。

人们生活在社会的圈子中，自己难免对他人进行评价，别人也会对自己进行评价。没错，评价对于人们来说是很重要的，当自己的做法受到他人的赞同时，就会充满动力。但也不能被他人不认同的看法所左右，以至于改变自己的追求，放弃自己的目标。毕竟每个人都有不同的生活环境和思想，有自己做人的标准。你认为有道理就听，认为不正确就可以不理会，主动权应掌握在你自己的手里。如果对他人的评价看得太重，必定会失去自我。

之所以我们是世界上独一无二的存在，就是因为我们每个人的身上都有自己独特的亮点，在此基础上形成了与众不同的气质，我们应当好好认知自己。

人靠衣服，马靠鞍

德国著名漫画家卜劳恩的连环漫画《父与子》中出现了一则这样的故事：一对父子收集马粪，走到了一幢豪宅门口，被豪宅的门卫挡在门口，不让他们俩进去。当那对父子换上燕尾服，系上领带，再次来到豪宅的门口时，门卫毕恭毕敬地让他们进去了，并很诚恳地向那对父子鞠躬道歉。

漫画生动地揭示了我们现实生活中“佛靠金装，人靠衣装”“人靠衣服，马靠鞍”的道理。毋庸置疑，我们生活在一个看重衣着打扮的文明社会中。在社会的交往过程中，一个人的仪表与着装往往决定着别人对他印象的好坏，影响着别人对他能力的判断。我们想象一下，如果一家饭店的厨师衣服脏兮兮的，他的鞋子上都是灰尘，你还会在那家饭店吃饭吗？

曾经有人做过一个实验：分别让一位穿着正装的男白领、一位打扮得漂漂亮亮的年轻女孩、一位留着怪异发型且不修边幅的男青年以及一位挎着菜篮的中年妇女在一个人群密集的广场上与人搭讪，结果男白领和年轻女孩和路人交流的次数很多，其次就是中年妇女，而那位不修边幅的男青年基本没有人和他说话。

实验结果告诉我们：无论是找工作还是和人交往，第一印象都是非常重要的。第一印象的形成，一半以上都是通过外在的信息来决定的，把自己打扮得好看、整洁一点，有助于给别人留下好的印象。

某公司最新招聘了一位秘书叫小优，她的工作能力非常出众，工作的积极性也非常高。可是在衣着打扮上，总是给人一种不得体的感觉。有一天，她要跟总经理一起去见个客户，但她那天穿得很糟糕，不适合去见客户，总经理只好临时换了一个穿着打扮不错的女孩，跟他一块儿去谈生意。私下里，总经理也跟她说过外在形象这件事情，可是她却没什么改变，依旧我行我素，公司最后没办法，只好给她换了一个岗位。

我们应该明白，什么样的职业就应该有什么样的外形。“人靠衣服，马靠鞍”，这句话流传下来，自然有它的道理。所以作为总经理的秘书，应该要多注意自己的形象，因为秘书代表的不仅仅是自己，还有公司。秘书的形象不好，会直接影响公司的形象。

同样是在公司做文秘工作的小美，两个月前刚来公司工作，虽然公司没有明文规定着装要求，但文秘专业毕业的小美深知从事这一岗位着装的重要性。第一次参加面试时，小美就穿着一套正统的西装套裙，最终面试成功。之后在工作中，她一直换着穿不同的套裙，天再热她也坚持穿着长袖白衬衫、西装裙，脚穿不露趾的皮鞋。

让她意外的是，前日，经理宣布她被升职为办公室副主任。经理表示，升职的原因是觉得小美能坚持注重自己的仪表，不像其他员工那样为了方便、凉快，甚至穿着吊带、露背衣等。经理认为，注重自己仪表的员工，一定会注重企业的形象，而这种表现也证明小美具有相应的职业素质和能力。

穿着和礼仪很重要，我们不能小视它，它往往能够在关键的时候起到四两拨千斤的作用。有人曾说过，我们必须把自己打扮成一个成功人士，当机会降临的时候，你就更容易获得成功。因为那时候你已经有了成功人士的人格魅力。这句话说得不无道理，一个良好的形象也会对人的心理产生正面的影响。

衣着打扮其实是一张很好的推销自己的名片，它能反映出我们个人的气质、性格甚至我们的内心世界。一个对衣着没有要求、没有品位的人，对自己的推销是失败的，在这个充满竞争的社会，你可能会变得相对被动。因而，我们要懂得打扮自己，这不仅是尊重他人，也是在打造自己。

当然，对于衣着打扮，我们也要适度。如果过度讲究的话，也会让我们成为外表的奴隶。所以在关注我们个人形象的时候，也要量力而行，不要过分去追求名牌服饰，朴实大方、整洁得体的着装，能给人赏心悦目的感觉就够了。

女白领的穿衣秘诀

职业装和便装是相对的，职业装也叫工作装，相对来说会给人一种成熟、稳重的感觉。作为一个职业女性，在穿衣方面，一定要谨慎和规范，因为你代表的不是你一个人，你代表的可能是一个企业的精神面貌和企业文化。作为一个身在职场的女性，首先注意的就是自己的服装搭配的问题，穿着适合自己的衣服，塑造出独特的职业女性气质，会感觉到自己非常职业化，工作起来效率也就非常高。以这样的心理状态进行工作的话，对我们以后的职业规划和发展都有着潜移默化的影响。

法国设计大师夏奈尔曾经说过：“当你穿得邋邋遢遢的时候，人们在意的是你的衣服；当你穿得无懈可击的时候，人们开始注意的是你本人。”因此，职业女性在服装穿着方面，不仅要符合对服饰的审美标准和服装礼仪的要求，还要做到遵守职场着装的基本原则，恰到好处地对服装进行挑选和搭配。

首先，职业女性的着装仪表应该力求和谐，着装应该和季节匹配，要与所在的环境相吻合，同时还必须符合本人的个性特点和气质类型。其次，就是女性的穿着打扮应该灵活有弹性，要学会怎么搭配自己的衣服、鞋子、配饰，使它们成为一个和谐的整体。最后，无论我们怎么打扮修饰自己，都要把握分寸，对于职业女性来说，着装忌过于性感。

夏天是女孩子争奇斗艳、展现自己漂亮身材的季节，但是夏季却有着很多着装的忌讳，不得不注意。我们经常可以看到很多女孩子不顾自己的身份，穿着暴露，过于性感。这样不仅得不到别人对你的认可，还容易让人对你有不好的感觉。一般来讲，职业女性的裙长至少要到 2/3 大腿处。简约得体的服装会给他人一种稳重、大方得体的感觉。

此外，还忌过于追求时髦。年轻女性对流行和时尚的追求是可以理解的，“爱美之心人皆有之”，特别是女性，这更是她们的天性了。但是不要过于盲目地追求时尚，如果一位办公室的行政女员工，每天都把自己的指甲交替涂上好几种颜色，当和别人说话交流的时候，总不自觉地把自己的手拿出来欣赏，给人的感觉就会非常浮夸。

我们要明白，在办公室里面要展示的不是我们的外表有多么漂亮、好看，而是我们的能力和素养，毕竟办公室工作和我们居家生活、户外活动是完全不一样的。

不要过分随意。例如客户走进公司，看见公司的员工穿着背心和拖鞋，再加上一条破洞牛仔裤，会觉得你们公司不注意形象，可能就不会选择和你们公司继续合作了。

白领女性穿衣搭配的技巧有自己的准则：时尚、优雅、别致。

女性的职业装要比男性职业装更具个性，每个职业女性都要具有一种最能体现自己个性和品位的风格，但有些规则是所有女性都必须遵守的，特别是在正式的场合，女士着装一定要忌短、忌露、忌透。如果衣着过于暴露，容易让男同事不知所措，也让自己时常瞻前顾后，影响自己的工作效率。

职场女性在穿衣服的时候要尽量选择有领有袖的衣服，在众多的职业服装中套裙是首选。它是西装套裙的简称，上身是女式西装，下身是半截式裙子。

作为职业女性，在穿衣服的时候颜色的选择也非常重要，尽量选择比较稳重的颜色，黑色、灰色或者米色，都是非常不错的选择。颜色的搭配不宜过多，身上的颜色不建议超过三种，否则就会给人一种不稳重的感觉。

有一位中学的女教师去拜访当地很有名气的女校长，在办公室外面等待的时候，她非常紧张。然而，当她走进办公室的时候，紧张感突然就没了，并且比进来之前更有自信，因为她看到了这位女校长脚底下穿着一双凉鞋。所以，校长的权威和对她的影响力大大地打折扣了。

穿衣搭配技巧对所有职场女性都是非常重要的，一个好的形象会对事业有非常大的帮助，对工作状态也会有积极的作用。所以从现在开始规范自己的穿着，让自己看上去更加专业，更加自信，更有职业女性的气质吧。

男人，衣装同样重要

做个有魅力的人，可能是每个人的梦想，但有的人生下来就魅力无限，有的人却需要后天的雕琢。如何做一个有魅力的女人？大多数人都会从穿着打扮开始说起。那如何成为一个有魅力的男人呢？估计有人要从智商、身高、体形等方面说了，其实男人何尝不需要衣服的装饰呢！一表人才中的“表”不就是说人的外表吗？还有仪表堂堂中的“表”，也同样是指人的外表。

俗话说，三分相貌，七分打扮。对于职场上的男士来说，尤显突出。如果“一个女人，工作时穿得越暴露越不优雅”的话，那么男人就是“穿得越不着调越招人鄙视”。

国内有一家收益很好的大型民营企业，其董事长小赵经过多方面的努力和当地政府的帮忙，终于和国外一家上市公司开始合作。谈判时为了给对方留下精明强干、时尚新潮的好印象，小赵上身穿一件花T恤衫，下身穿一条破洞拉丝牛仔裤，脚穿一双旅游鞋。当他精神抖擞、兴高采烈地带着秘书出现在对方面前时，对方用很诧异的眼神看着他，上下打量了半天，非常不满意，最终合同也没有签成。

一个公司的老板，因为自己着装的失误，导致公司项目的合同没有签下来，之前所做的全部努力也都白费了，后果非常严重。尽管如今是一个崇尚个性、自由的时代，但衣着装饰还是要讲究一定的原则。在现在这个高效率的社会中，合作洽谈的场合已经变得越来越频繁，洽谈留给对方好的印象也越来越重要，整洁、高雅的着装不但会增加男士风度翩翩的气质形象，给人一种可信任感，更为重要的是它还代表着公司外在的集体形象和专业素质。

谈判时，男士穿西服出场是最基本的条件，可是小赵却没有在意这一点，他不是不在意这次合作，要不然也不会特意穿上自己精挑细选的T恤衫了。他只是没分清在什么场合穿什么衣服而已。

职场中的男性着装很容易犯一些低级错误，比如穿有很明显的品牌标签的衣服。不要以为在胸前、袖子上或者其他地方有明显的设计师或者品牌名字的衣服，会让你看起来特别有品位；相反，这样的穿着会让你看上去显得很幼稚，甚至是粗俗。还有就是一些闪闪发光的衬衣或者外套，在严肃的办公场所里面，还是放弃这些装扮为好。

“佛靠金装，人靠衣装”，你的衣着直接告诉那些不熟悉你的人们你的兴趣所在，品位有多高。从事任何职业，你所穿着的衣服都需要大方得体，要突出你的优势，掩盖你的外形缺点，显示出你的身份和地位。男性的着装和女性的着装有区别，女装追求的是款式和多变，而男性则是突出稳重大方，但无论是男装还是女装都不要盲目地跟着流行走，一定要选择适合自己的。如果太过夸张和另类，就会显得格格不入。

不管你是来自哪个行业，职业穿着礼仪都要特别注意。裤腿不要太短，裤腿太短的话，会让人觉得不够文雅。衬衣的领口不要敞开或者敞开得不要太大，因为那样会显得你整个人缺乏修养，太过于随便。

日本的著名企业家松下幸之助从前不修边幅，也不注重企业形象。一天，在他理发时，理发师不客气地批评他不注重仪表，说：“你是公司的代表，却这样不注重衣冠，别人会怎么想，连人都这样邋遢，他的公司会好吗？”从此，松下幸之助一改过去的习惯，开始注意自己在公众面前的仪表仪态，生意也随之兴旺了起来。

为成功而打扮，是着装问题上的智慧选择和重要目标。特别是身在职场的男士们，穿着打扮就更为重要，不经意间就会影响你的人际关系或事业前途。因此，男士们也需要注重着装，进而很好地展现自身的形象与气质。

第三章

言语谈吐打造气质达人

世界上最动听的声音就是赞美，成功的赞美不仅能给他人带来愉悦，还能使他人受到鼓舞。有了赞美，人的内心就会产生一种向前、向上的冲力。相反，如果总是向一个人传递消极的信息，就会让人变得自暴自弃，放弃努力。

克服羞涩，大胆讲出来

我们知道外向者热情、开朗、话语丰富，能够在最短的时间内给身边的人带来快乐和幸福感，而性格内向的人因为羞涩、沉默寡言，不善于表达自己的情感，总是让人产生沉闷、冷漠的感觉。其实羞涩的人也有一颗热情的心，只是不善于表达。因为社交能力的差异，人们对羞涩性格的人的印象普遍存在偏差。根据人类学和心理学的研究，羞涩其实是人类所共有的，具有普遍性和广泛性。心理学家曾经进行过研究和统计，结果发现竟然有40%的成年人都或多或少地存在害羞的问题。容易害羞的人在与其他人的交往过程中，常不由自主地产生紧张、拘束甚至尴尬的感觉，这种感觉往往给自己造成很大的心理压力，大大影响了社交的成功率。

其实，我们不难发现，一群性格羞涩的人在一起聊天的时候，他们即便不会像性格开朗的人那样高谈阔论，也会有自己的话题可以聊，并且能够聊得很开心。所以说，羞涩的人，他们不是没有话可以说，他们只是缺乏主动性，缺乏跟不熟悉的人交流的勇气，他们的内心同样渴望别人主动接近自己、接纳自己。

羞涩是一种人格特质，具有害羞心理的人在交往的过程中常表现得腼腆、动作拘泥、不自然、说话声音小等，不善于交往，对交往常常采取回避的态度。由于在交往的过程中过多地约束自己的情感，常常造成对方的误解，最后交往都以失败告终。在自然界中有一种植物叫作含羞草，当你轻轻地用手去触碰它的时候，它就会立刻将叶子合拢，不一会儿又慢慢复原。其实，害羞的人和含羞草是一样的，只要受到外界的刺激，他们就会变得脸红，在陌生人面前变得不自然、害羞起来。但是只要这种情景一消失，他们又会变得神采奕奕。这种交往的心理状态往往不是突然产生的，而是长期形成的。我们不难发现，这些人也许从小就表现得很害羞，小时候没有很好地克服、解决这个问题，随着年龄的增长，也就变成习惯了。

王丽是个16岁的女孩，在家里有说有笑，非常活泼。可是只要家里来了陌生人或者是换了一个环境，王丽就变得拘谨，很腼腆，失去了在家里的那份活泼。在学校同样如此，她从来不和其他同学玩，常常一个人上学放学，就算有人邀请她一起走，她也会拒绝。上课只要老师点名让她回答问题，她的脸就先红了起来，非常不自然。王丽对此感到非常痛苦。

害羞的人过多地约束自己的言谈举止，他们往往不能充分地表达自己的感情。一个人有害羞的心理其实是很正常的，只要不影响正常的交往就行，但是王丽的确属于过度的害羞，这种行为是不良心理的表现。一般产生这种心理的原因主要有以下几个方面：

第一，先天性的因素。

研究证明，大概有10%的幼儿“生来害羞”。从一生下来，这些儿童在与不熟悉的人或环境接触时，就显得不同寻常地谨慎和缄默。有的人生来就性格内向，说话声音小，看到陌生人就脸红，甚至带有一种胆怯的心理，不敢和人说话。或者在小的时候，因为某些事情成为大家嘲笑的对象，留下了阴影，所以变得害羞起来。

第二，家庭教育的失策。

有些家长对成长中孩子的胆怯心理不加以引导，导致孩子在见到陌生人或者进入一个陌生的环境时，便习惯性害羞、不自信。等到了青春期，孩子的自我意识逐渐加强，他们变得十分在意他人对自己的评价。害怕自己的一言一行出现差错，会让别人嘲笑自己。又因为自己和父母的沟通较少，所以问题只能放在心里。时间久了，他们就开始变得不自然，害怕与人交流，并且不敢在公众场合大声地说话。

第三，外在的因素。

他们缺乏自信，有些人总以为自己没有好看的脸蛋、迷人的身材，没有过人的本领。导致他们在与人交往中开始变得没有自信，总是患得患失。长期处在小心谨慎的心理状态中，让他们体会不到成功的喜悦，从而使他们更加否定自己，让自己处在一个恶性循环当中。还有就是面对人际交往挫折的时候，没能调整好自己的心态。由于有着“一朝被蛇咬，十年怕井绳”的心态，从而变得消极、胆怯、畏缩。

现在的社会十分注重品牌和推广。公司要推销自己的品牌，商人要销售自己的商品，而我们作为最平凡普通的人，要想别人知道你，就必须向他人展示自己。可是，如果我们因为害羞而错失一个个宝贵机会的话，我们的人生可能会受到很大影响。

当害羞心理成为我们走向成功的绊脚石时，我们就必须克服这种心理，只有这样我们才能走向成功。

一、我们要和每个人说话。

首先，主动地与人交往是可以帮助我们摆脱害羞心理的。其次，我们必须自信地和别人进行交流，而且我们在和别人说话的时候，他们的反馈也会在无形之中帮助我们树立信心。我们可以每天从小事做起，比如说，走在学校里，跟陌生的同学打招呼，在买东西的时候可以跟店员说声谢谢等。当你觉得自己可以很自然地去做这些事情的时候，就加大难度，让自己每天跟别人说话的次数增多，久而久之，你会发现和你交流的人，他们都十分友好，没你想象中那么可怕。

二、停止想象，付诸行动。

许多人的不自信，就是源于对外界的事情缺乏了解。如果你对外界的事情了解得越多，你就会变得越从容，害羞的感觉就会越少。所以，你要在自己的潜意识里面树立正确的观念。在各种社交场合，顺其自然地表现自己，不要总是考虑别人会怎样看自己，要如何迎合他人。就拿公开演讲来说吧，这是一项很多人都惧怕的活动。他们为什么会害怕在公众场所演讲呢？是因为对它缺乏一定的了解。大家往往觉得那是一座无法逾越的大山，自己只能在山脚下仰望。

我们应该尝试对自己说："我能征服这座大山，我一定可以站在山顶之上。"当然，一味地想象是不可能克服害羞的。如果你只是想着如何克服害羞，最终也不会有任何改变。当你真正进入社交场合后，才会发现这里是另一番天地。克服任何恐惧症都不仅仅是一种"大脑"的活动。解决的办法只有一个，那就是行动。

三、要懂得坚持。

骐骥一跃，不能十步；驽马十驾，功在不舍。同样，成功的秘诀不在于一蹴而就，而在于你是否能够持之以恒。生活中学会抛弃一切顾虑，大胆前行，不要过多在乎别人的评论。许多害羞者在行动前过于追求完美，担心失败，害怕别人的否定性评价，这样的自我否定和自我暗示势必会影响能力的发挥。结果越担心，越害怕，就越可能走向失败。成功没有秘诀，贵在坚持不懈。任何伟大的事业，成于坚持不懈，毁于半途而废。其实，世间最容易的事是坚持，最难的事也是坚持。说它容易，是因为只要愿意，人人都能做到；说它难，是因为能真正坚持下来的，终究只是少数人。巴斯德有句名言："告诉你使我达到目标的奥秘吧，我唯一的力量就是我的坚持精神。"

改掉一个坏习惯只需要在相应位置养成一个好习惯，所以每天努力做些你因为感到害羞而不愿做的事情。尝试做简单的事情，然后当那些大的机会来临并让你感到恐惧的时候，你就不会太担心结果了。如果你试着只想着当下的时刻，而不是分析所有可能的结果，这就会成为你的新习惯。跳出你惯性思维的圈套，每天活在当下。

下一次你需要一些信心的时候，你的烦恼会减少很多，因为你不会考虑它们。

说话有分寸，气质贵稳重

平凡的人都有说错话、说废话、说傻话的时候。现在的社会中，圣人是不常见的，而平凡的人却随处可寻。因此，也就有了“言多必失”这个词。

墨子有一个学生叫子禽，有一天，子禽和他的老师在一起讨论问题，子禽突然问墨子：“多说话到底有什么好处呢？”

墨子回答说：“话说得太多，是没有好处的。池塘里的青蛙，整日整夜地叫啊叫啊，弄得口干舌燥，但是从来没有人去注意它。而报晓的雄鸡，每天只是在天亮时叫上两三遍，人们却对它很注意，因为听到了鸡叫，大家就知道天快亮了。所以，话一定要说到有用之处，废话还是少说为好。”

你想要在言语上逞强或者征服别人，你说得越多，出现纰漏的可能性就越大。另外，话一旦出口就无法收回，由此造成的失误也就很难避免。控制自己的言语，尤其要避免讥讽别人的言语，从刺人的话中得到的暂时满足远远不及由此引发的灾祸。

言多必失，话一出口，妄下结论，所造成的影响，再有几百句、几千句话也弥补不了。三国时杨修善于卖弄小聪明，凡事都喜欢开口点破，使得本来就疑心很重的曹操十分反感。最后，终于因道破“鸡肋”的意义而招来杀身之祸。其实，曹操的意思别人未必不懂，杨修只顾耍小聪明，说话不看场合，误了身家性命。

在现实生活中，如果只图一时之快，不注意言语的轻重对错，不考虑自己行为所带来的后果，任性而为，往往会给自己带来无尽的烦恼。因此，无论什么时候，我们都应把握好说话的分寸和行为的尺度，做到谨言慎行。

历史上南唐后主李煜为保住自己的江山，派大臣徐铉去说服赵匡胤不要攻打自己的城池。徐铉是江南的名士，知识渊博，能言善辩。在出发前，他还对如何说服赵匡胤作了周密的准备，本来事情的发展是顺着他设计的轨道走的，可是在最后他却犯了致命的错误，他对赵匡胤说：“李煜待你赵匡胤，就像儿子和父亲一样，你怎么可以出兵攻占他的城池呢？”他的这句话，让赵匡胤找到了突破口，赵匡胤反问徐铉：“照你看来，父亲和儿子应当是一家人好呢还是硬要分成两家才对呢？”一句话问得徐铉再也无法张口，只好默默告退。最后南唐还是免不了亡国的命运，李煜则成了亡国之君。

说话的时候要把握一个尺度，把自己想要表达的意思讲清楚就可以了。滔滔不绝地说些多余的话，不但毫无益处，还会出现漏洞，正所谓“言多必失”。不管你前面说得多么有道理，令人信服，只要你的话语中出现了一个纰漏，就会被人抓住话柄，导致前功尽弃。对于口不择言的人来说，“病从口入，祸从口出”这句话是很适用的，信口开河经常会让自己陷入尴尬、窘迫的局面当中，甚至蒙受羞辱。我们都知道，白玉破损了，还可以通过磨砺来修复，可一个人言语失当，就没有办法补救了。

在行为上，前圣先贤告诉我们，凡事应当三思而后行，不管遇到什么事都应当谨慎对待。在做一件事情前，首先要想到自己行为的后果。在做任何事情的时候都应当保持理智，切不可感情用事，否则便容易给自己招来追悔莫及的祸患。

恰如其分的赞美，给你春风般的感觉

赞美别人，仿佛用一支火把照亮别人的生活，也照亮自己的心田，有助于发扬被赞美者的美德和推动彼此的友谊健康地发展，还可以消除人际间的龃龉和怨恨。

赞美是人际关系的润滑剂，从社会心理学的角度来讲，赞美是一种有效的交往技巧，能迅速缩短人与人之间的心理距离。

小雪和小徐是同时进入公司的，但是从她们进公司的第一天起，她们之间的关系就不好，直到一天在一次聚会中，小雪跟她的上司赵先生说：“我不愿意和小徐在同一个部门上班，希望您可以批准我去其他的部门工作。”赵先生问为什么，小雪说：“我就受不了她的坏脾气。”赵先生说：“好，我会处理这件事情。”可是之后过了几天，小雪并没有被赵先生调到其他的部门去工作，而她发现小徐没有像以前那样动不动就发脾气了，也没有了盛气凌人的样子。偶然的机会，她去问自己的上司是用什么办法改变了小徐的。赵先生说：“我只是跟她说，‘你知道吗，有好多人都在称赞你，特别是和你一起进公司的小雪，说你不仅人长得漂亮，脾气也好！’如此而已。”

与人相处，看起来似乎是一个很简单的问题，但在实际生活和工作中，并非如我们想象的那么简单，其中有许多人都陷入了求全责备的误区。在上面的例子中，上司就因为把握住了赞美的技巧，从而改善了员工之间的关系。你可能在生活中听到过类似的话语：“他怎么能跟我们搞这个项目，瞧瞧他那副清高的样子！”“他性格太孤僻，不要与他交往。”等等。所谓“金无足赤，人无完人”，这个道理人人都懂，但一遇到具体的事情，很多人早已将此抛到脑后，总是苛求他人尽善尽美，一旦发现或意识到别人身上的缺点或不足，就大加指责。没错，清高、孤僻、个性太强，这些都是缺点和不足，然而问题是，他身上也一定有很多优点。与其指责其缺点，惹恼对方，不如赞美对方，获得对方的信赖和让对方产生好感。

为什么要赞美他人？赞美别人，可以使我们的心灵在欣赏和赞美中得到净化和升华；赞美别人，可以使我们的内心洋溢着爱，从而建立健康和谐的人际关系。如果我们懂得经常赞美别人，就会发现我们身边有太多美好的东西，我们的生活充满了阳光。在这个快节奏的现代社会，在这个无暇沟通的生活环境中，学会赞美别人，人与人之间便会多一分理解，少一点儿戒备；多一分温暖，少一点儿冷漠；多一分融洽，少一点儿隔阂。

赞美本身就是一种说话的艺术，如果能够正确地运用这门艺术，就会使被赞美者心情愉快，而作为赞美者的我们，也会从中感受到快乐。但是，赞美要体现出真诚，不真诚的赞扬，会给人一种虚情假意的印象，赞扬者会被认为怀有某种不良的目的，被赞扬者不但不感谢，反而会觉得讨厌。言过其实的赞扬，不能实事求是，会使受赞扬者感到窘迫，也会降低赞扬者的水准。

有一天在朋友的聚会中，小明就因为不真诚的赞美给自己带来了不便。在吃饭的时候，大家都在交换名片，其中有一位朋友是来自报社的，小明就想认识他，便稀里糊涂地说："原来是你呀，我每次都能看见你写的文章，不愧为大作家，真有大师风范。"对方说："我的文章你都在哪里看到的呢？"小明说："我每次都可以在头版头条上看到！"然后那个人就告诉他："不好意思，我只是专门做校对的，校对能出现在头版头条上吗？"小明只好灰溜溜地离开了。

没过一会儿，他看到自己旁边坐着一个小姐，那小姐身材本来就很胖，而小明却一直在说她的身材很苗条。最后那位小姐带着很愤怒的表情走开了，只留下小明尴尬地待在那里。

取悦他人的心理，人人皆有。然而，在与陌生人交往的实际场合，我们需要把赞美和低俗奉承区别开来，赞美和奉承是完全不同的两回事儿。要知道赞美是每个人都喜欢的，但是奉承呢?不是人人都热衷于它。赞赏是发自内心的、对对方某种长处的肯定，而阿谀奉承则是虚伪地吹捧。是诚恳的称赞还是虚伪的奉承，对方一听就清楚。刻意奉承、谄媚的话，听起来或许令人飘飘然，但却浮华不实。因为这种话往往不是出自内心的真诚，反而给人夸张、不切实际的感觉，使人无法从心底去接受。比方说你有一套穿起来显得老气的西装，你并不喜欢，但是因为某些原因不得不穿上它，结果别人对你说："你今天真帅气，这衣服真适合你。"相信你听了之后，心里一定很不是滋味。要想与人合作默契、相处融洽，还需要掌握一点，那就是学会适当地赞美他人。

那么，我们该如何掌握赞美的技巧呢?首先，我们应该多说"我们"，少说"我"。在人的思维当中，非常反感和排斥"你是你，我是我"这种言辞，而人们更喜欢听的就是"我们"。因为"大家好，才是真的好"。如果群体当中有你，你会感到温暖和舒适，就不会感到孤单了。其次，就是要真诚和恰当。其实人是很奇怪的动物，我们都喜欢听别人对我们的赞美，但是如果赞美过于肉麻的话，又会引起我们内心的反感。所以我们在赞美别人的时候要注意场合和时机，不要过分去赞美别人，把握好尺寸。最后，就是要注意我们赞美的对象，要根据不同种类的人采取不一样的赞美方式和口吻。例如，面对长辈的时候，我们的赞美就不要显得过于浮夸，此时我们的言辞要稳重起来。而对待年轻人就不一样了，首先年龄上不会相差太多，不会出现代沟，这时候我们就不能用古板的言语去赞美他。

世界上最动听的声音就是赞美，成功的赞美不仅能给他人带来愉悦,还能使他人受到鼓舞。有了赞美,人的内心就会产生一种向前、向上的冲力。相反，如果总是向一个人传递消极的信息，就会让人变得自暴自弃,放弃努力。赞美是我们乐观面对生活所不可缺少的，是我们自信、自我肯定的力量源泉，它可以约束人的行动，使人自觉地克服缺点，积极向上。我们应该海纳百川，摒弃自大、自负和自满，毫不吝啬地对别人的才智、德操、品行送上一句由衷的赞美。真诚地赏识他人、赞美他人，这个世界会因此变得更加美丽、更加精彩。

不说闲话，八卦是形象杀手

善待他人，可以让自己的人生走得更远；善待自己，可以让生活变得更美好。无论是善待谁,其实都是温暖在流转,都是爱在延伸。

有句话说，“你愿意别人如何对待你，你便要如何对待别人”。每个人都希望他人善待自己，那么，就先善待他人吧！

洛克菲勒在年轻的时候一无所有，和所有年少无知的青年一样，喜欢四处流浪，过着一种得过且过的日子。但是他却怀着远大的梦想，希望有一天能变成一个富豪。

带着远大的梦想，他四处流浪，来到了一个离自己的家乡很远的小镇上。在这个小镇上，他认识了镇上的杰克逊先生。杰克逊的年纪很大，他一直生活在这个小镇里面。他担任镇长已经好多年了，因为他性格开朗、为人热情，而且心地善良、平易近人，所以镇上的居民从来就没有想过要换镇长。来到镇上的人，只要是和杰克逊接触过，都会感受到他的善良和热情。

洛克菲勒居住的地方离镇长的家很近，每次洛克菲勒从杰克逊的门前走过的时候，他都可以看到镇长家门前的小花园。因为他们离得很近，所以镇长总是请洛克菲勒去他家做客，对他十分关照。

在小镇上住了一段时间，感到没有什么收获，于是洛克菲勒决定过几天就离开这个小镇。在离开小镇之前，他特别感谢镇长给予他的关照。就在他准备向镇长告别的前几天，小镇连续下了几天的雨，洛克菲勒不得不继续留在这里，同时他也在心里咒骂着这该死的鬼天气。

小雨时断时续，每当雨停的时候，洛克菲勒都会去看看镇长家门前那些经雨露滋润而倍加娇艳的花朵。这一天，当他走出旅馆大门的时候，他看到镇上来来往往的人们已经把镇长家门前的花圃践踏得不成样子了。洛克菲勒为此感到气愤不已，他真为镇长和这些花朵感到惋惜，于是他就站在那里指责那些路人的行为。可是第二天，路人依旧踩踏镇长家门前的那些可怜的花朵。第三天，镇长拿着一袋煤渣和一把铁锹来到了泥泞的道路上，他用铁锹把袋子里的煤渣一点一点地铺到了路上。一开始洛克菲勒对镇长的行为感到非常不解，他不知道镇长为什么要替这些践踏自己家花圃的路人铺平道路。可是很快他就明白了镇长的苦心，原来有了铺好煤渣的道路，那些路人再也不用踩着花圃走过泥泞的道路了。

后来天晴了，洛克菲勒离开了这个小镇，他带着镇长杰克逊告诉他的话继续在自己追梦的路上行走着。直到自己成为闻名全美的石油大王，他还是把那句“善待别人就是善待自己”牢牢地记在心里。

在追求成功的过程中，任何人都离不开与他人的合作。只有你真诚地对待别人，对方才会与你真诚合作。你善待别人，别人就会善待你；你刁难别人，别人也会刁难你。

很久以前，有个很刁钻的地主，有一天他拿着空酒瓶叫在他家打短工的阿凡提去帮他打酒。但是他没有给阿凡提钱，阿凡提找他要钱，他却说：“你这么聪明，我相信你不用钱就可以买到酒的。”过了一会儿，阿凡提提着空酒瓶回来了，地主一看是空酒瓶，于是就问："一点酒都没有，怎么喝？"阿凡提不紧不慢地对地主说道："你这么厉害，我相信你可以用空酒瓶喝出酒来的。"

大千世界五彩缤纷，人的性格多种多样，每天，人们都要面对各种各样的人，甚至是与陌生人发生一定的联系，那么，该如何与他人相处呢？这可是我们日常生活中的一件重要事情，要学会与他人相处，就必须善待他人。

人生是美好的。每一个人，从他呱呱坠地起，就踏上了自己的生活之路。从天真走向成熟，慢慢长大了，就渐渐地懂得怎样对待他人和为人处世的准则。但是随着时代的进步和发展，人们的生活富裕了，条件越来越优越了，我们的心开始被这个花花世界慢慢地腐蚀。慢慢地，我们变得看不惯这个社会，看不惯与我们不一样的人。我们变得爱八卦别人的私事，爱说闲话了。可是只要我们一提起"说闲话"这个词，我们脑海里面首先浮现的就是一群聚在街头的女人，她们的想象力非常丰富，一个简单的话题不仅能够聊上半天，还会引来其他相关的话题，只要坐在那里，就是没完没了地聊天，根本停不下来。所以，人们常常会说"说闲话"就是女人的特权。其实，男人和女人是一样的，男人也爱说闲话，女人说的都是生活中鸡毛蒜皮的小事儿，而男人的话题却具有强烈的攻击性，所造成的影响和女人说的闲话不分上下。男人和女人不仅喜欢说闲话，而且还热衷于把自己听来的闲话再传播出去，于是乎，闲话满天飞。

从不说闲话的人其实是不存在的，从心理学上来讲，一个人周围出现了他看不惯的人，或者他的身边发生了不愉快的事情，人产生的第一个反应就是去评价它，而这些话到最后也就演变成了我们通常所说的“闲话”。所以，闲话是带有负能量的，它传达的是一种不好的消极情绪。一般来说，当我们有了负能量的时候，我们要把它发泄掉，要消除自己心中不满的情绪。但是有些人却借着说闲话的方式，让别人生活得很痛苦，以说闲话的方式去搞垮对方。在我们的生活中，每天都有许多让自己不满的事情，如果我们每天都用这种方式去释放自己的不满，在折磨别人的同时，其实伤害的也是我们自己。有段话说得好：“没有嫣然绽开的花蕾，便没有四季可人的温馨；没有潺潺流过心田的微笑，便没有人生的快慰。世界的美好不仅源于人类的物质制造，更源于人们内心的真诚善良。犹如大海之包容江河，蓝天之包容云彩，土地之包容种子。我们不妨以博大、仁爱去包容每一颗心灵。那样世界将会呈现出一幅更加美丽的图景。”

所以，对那些看不惯的事情，我们要以一颗真诚的心去理解；对那些我们遇到的不公平待遇，我们要用宽容的心去包容。在日常生活中，与人交往的时候，时刻不要忘了礼貌与教养。你的言谈举止充分展示着你的形象与气质。一声谢谢，一句问候，一次道歉，一个微笑，一个细心的小动作都将给别人带来温暖和希望。少说闲话，会让我们的生活充满阳光，会让你的人际关系更加和谐。学会善待你周围的人，学会善待你的父母、兄弟姐妹、同事和朋友。因为，善待他人就是善待自己。

对人话三分，气质有内涵

在如今这个社会中，能言善辩是人们获得成功的一件强有力的武器。但是，成功的人并非都能言善辩。正如俗语所说，“水能载舟，亦能覆舟”，很多人的失败，往往就是因为不能控制住自己的嘴巴。事实上，上天赋予了我们说话的能力，却并没有教授我们说话的技巧。能力，上天是可以给予的，而经验和技巧就需要我们自己后天去学习了。

话，我们每个人都会说，而且很多人都认为自己的语言表达能力不错。于是就有些人不论见着谁都天南地北地乱说一气。其实真正的说话高手不一定在任何时候都表现得很健谈，他们会认清跟自己说话的对象。一张会说话的嘴，它可以帮助我们，同时它也可以害我们。有一些推心置腹的私房话，在日后有可能成为对手攻击自己的武器。鸟是被自己的脚绊住的，而我们人是被自己的嘴巴所连累，我们会因为自己说错话而自寻烦恼。

在三国时期，许攸本是袁绍手下的谋士，在官渡之战的时候，他为袁绍出谋划策，袁绍不听，他一怒之下就投奔了曹操，曹操听说许攸要来投奔自己，高兴得连自己的鞋子都忘记穿了，在接到许攸之后，还对自己的部下说：“许攸到来，我的大事可成呀！”后来，在击败袁绍、占据冀州的战斗中，许攸又立了功，他因自恃有功，在曹操面前便口无遮拦。有时，他当着众人的面直呼曹操的小名，说道："曹阿瞒，要是没有我，你是得不到冀州的！"曹操在人前不好发作，强笑着说："你说得不错！"内心却十分忌恨。

许攸并没有察觉，还是那么信口开河。有一次，随曹操出邺城东门，他又对身边的人自夸道："曹家要不是因为我，是不能从这个城门进进出出的！"

最后曹操终于忍耐不往，将他杀掉了。

孔子曾说："君子欲讷于言而敏于行。"这句话的意思就是告诉我们，做人应该多做少说，一张嘴可以使我们荣华富贵，也可以让我们丢掉性命。许攸不就是一个很好的例子吗?

现代社会交往的主要媒介是语言，有些时候，交际的全部内容都表现在语言上。我们都曾经历或见过这样的事情：交际的双方并没有什么实质上的利害冲突，仅仅因为言语冒犯，小事转化成不断升级的冲突。

在有不少尔虞我诈的世界里，你有一说一，说的全是老实话，就等于别人把你卖了的同时，你还会去帮他数钱。在面对这样复杂的人际关系时，如果不想被别人牵着鼻子走，我们就必须懂得"逢人只说三分话"的道理。人长了嘴巴，有了舌头，如果我们说话不注意场合，不讲究方式，不考虑行为的后果，往往很容易惹出是非。不管是有心还是无心，到最后受害的还是我们自己。

在生活当中，舌头给我们惹出的风波有很多，不负责任地在背后瞎说，没有经过考量的事情就四处传播，这一切都会给我们带来不便。言为心声，我们所说的话是受我们的思想支配的，它能反映出我们的思想道德水平和我们的个人素养。

战国时期，苏秦曾任六国宰相。在战国时期，达官贵人很喜欢品评当时有名气的名士。有一天一个人问苏秦：你觉得某某人怎么样？苏秦正准备回答他的问题，突然间又停了下来，看了看那个人，然后对他说："我还是不要告诉你的好，我和他又不是很熟。"其实苏秦不是不认识这个人，他只是不想告诉问他的那个人。

挂六国相印的苏秦就很清楚地知道，自己什么话该说，什么话不该说。而有些人的脑袋则是"少根筋"，他们经常搞不清楚情况便胡扯。比如在寿宴上对寿星大谈人寿保险的好处；对孕妇说养孩子没什么用处，孩子翅膀硬了就飞了；对新人们说今天喜宴的菜好吃极了，下回别忘了再请我；甚至当别人就要出门旅行时，却大谈今年发生过多少起飞机失事的意外；等等。俗话说："蚊虫遭扇打，只为嘴伤人。"只因自己说话太快、太直，图一时痛快，殊不知会给自己带来麻烦。人与人之间本来就没有那么多的纠葛，有时候往往就因为自己舌头的原因，说话不看场合，不注意他人的感受，伤害了别人的自尊心，让人下不来台，对方心中怎么会高兴得起来呢？

美国前总统富兰克林在年轻的时候非常骄傲，他的言谈举止咄咄逼人，常常看不起别人，不可一世。有一天，他的好朋友在和他聊天的时候，很温和地跟他说：“你从来不肯尊重他人，事事都以自己为中心，你的言语说出来总是让他们下不来台，时间久了谁还愿意听你说话。到那时候你的朋友都会一个个地离你而去，你就会变得很孤单。”

富兰克林听了这番话后很是感动，于是他痛改前非。他开始改变自己说话的风格，言语变得谦和。最后，变成了一个受欢迎的人。

在过去，人们认为应该把自己知道的事情如实讲出来，告诉别人，但现在人们逐渐发现，在与别人的交往中，有时更需要忍耐和沉默。

职场上，最忌讳那种为了显示自己的能力，一见面就将自己所知道的一切和盘托出的做法，就像一池清水，除了能让人一览无余，再没有任何想象的空间。哪怕你的想法很特别，能力也不一般，也很难让别人对你保持足够的关注。向领导汇报工作的时候，也不要事无巨细地将所有的设想和盘托出，保持几分神秘感，你才能一直不让人失望，不时有一些惊喜呈现给众人。虽然你的能力也许不会比周围的所有人都强，但给人的感觉会与众不同。如果年初就让人知道了你每一天、每一个月的打算，一切就没有了吸引力。一个聪明的人，跟别人说的大多是些无关紧要的小事，却给人一种自己很受重视的感觉，那是因为他更愿意倾听，别人也会因你喜欢听而愿意说，这样自己就占据了主动地位。自己少说，不但可以避免暴露自己心中的秘密和弱点，而且能够多听听对方怎么说，这一点十分重要。所谓“对人话三分，方便你我他”，便是这个道理。

专注地倾听，做有修养的人

上帝给了我们两只耳朵，一张嘴巴，其实就是要我们多听少说。俗话说，“会说的不如会听的”，我们都应该学会更好地倾听，而倾听就是为了准确把握谈话者真实的意图、内心的情绪、话语中重要的信息。

如果有人主动向我们倾诉他的事情，这充分说明他已经把我们当作很亲近的人。通过倾诉，可以加深彼此之间的了解，让你们的关系变得更加密切、更加融洽。假如我们周围的朋友对我们讳莫如深的话，我们必然会感到孤单和寂寞。

懂得倾听，说明我们已经在慢慢长大、成熟，懂得去细心观察别人的喜怒哀乐，去体会他人的酸甜苦辣，而不是只会任性地自我表达；懂得倾听，意味着尊重，耐心倾听才是赢得别人信任的最好方式；懂得倾听，说明我们能接纳他人对我们的劝告，接纳我们自己的缺点。

一天早上，一位怒气冲冲的客户闯进了德第蒙德先生的办公室，因为他已经接连好几天接到德第蒙德公司给他的邮件，要求他归还欠德第蒙德先生的15美元。

在客户发牢骚的过程中，德第蒙德先生虽然有好几次都想打断对方来解释这件事情，但是他清楚地知道那样做并不能解决问题，所以他就干脆让对方尽情地把自己的牢骚全部发泄完。当顾客因为说了太多的话，口渴喝水的间隙，德第蒙德先生才开始平静地对客户说：“你来到芝加哥告诉我这件事情，我要感谢你。你让我知道了我们公司的财务部门出现了问题。我的员工让你感到不愉快，他们同样也可以让其他客户不高兴，那么对我们来说可是一个巨大的损失。我非常感谢你，所以那15美元的欠款，你不用还了。”最后，德第蒙德先生还请他去吃了饭，客户满意地离开了德第蒙德公司。

回家后，这位客户还特意检查了一下自己的账单，结果他找到了自己欠德第蒙德公司15美元的欠条，才发现是自己弄错了，他非常懊悔，因为自己的失误，还去人家的公司大吵大闹。第二天，他把那15美元寄过去了，此后他每次订货都是从德第蒙德公司进货。

倾听别人说话，是处世中必不可少的基本功。能够耐心听别人说话的人，必定是一个富有修养的人，德第蒙德就是这样的一个人。他能注意倾听别人的谈话，最后也获得了客户的认可。我们在汲取他人有益的思想时，必须做的事就是学会倾听，从他人的语言中提炼有价值的信息，便于自己思考和决策时使用。

我们的听觉不仅仅是一种感觉，它是由四种不同层面的元素组成的：生理层、情绪层、智力层和心灵层。眼睛和耳朵是思维的助手，通过它们我们可以感觉到他人言谈举止中真正的意味。当它们“动作”协调时，我们就能够真正听懂别人在说些什么，而不是草率地听，左耳听右耳冒。那么，我们应该如何学会更有效地倾听呢？

首先，别人讲话时我们要专心听。当有人和我们讲话时，眼睛要注视对方，手里不建议做其他事情，否则会被人认为是不尊重自己的表现。即使说话的一方地位比你低，年龄比你小，你也应该专心听他讲话。其次，偶尔要有互动。如果从头到尾什么也不说，气氛肯定也不好。在适当的时候插上一句话也很好，表示你在认真地听，没有听清楚时可以问一下，不要以为这样做对方会不高兴，事实上这表明了你关心他的话题。再次，不要抢话，不要在提问时乘机抢过对方的话题，滔滔不绝地说，除非对方的话已经说完。最后，不要轻易打断对方讲话。在听对方说话的过程中，如果对方的话中出现了错误，不要立即打断他的话去纠正，更不能因此流露出轻蔑的神情，以免伤害对方的自尊心。打断别人说话是很容易引起抵触情绪的，即使对对方的话不感兴趣，也不要立马打断对方。你可以巧妙地引出另外一个话题，而这个话题是你感兴趣对方也很熟悉的。

走进多彩的生活中，总需要一双倾听的耳朵。生活是人支撑的，人是有感情的。因此人需要心灵的关注，更需要心灵的倾听。只要愿意，随时随地都可以倾听，我们可以倾听到许多值得我们一生回味的声音。倾听是一种智慧，倾听善言，收获一生的成功。唐太宗李世民善于倾听魏征的逆耳忠言，进而铸就了“贞观之治”的太平盛世。善于倾听的人，能够保持头脑中的冷静和沉着，结果功成名就。会倾听是对别人的尊重，也是真心实意关心别人的表现。倾听也是一种幸福，倾听对方真情的诉说，能让我们收获一次次感动。而学会倾听的人，身上也有了一种独特的魅力。

第四章

不成功不等于不成长

在生活当中，保持低调姿态的人更容易交到朋友。在日常交往中，任何人都希望自己和对方能够站在同一层面上。如果你过分地显摆自己的身份，在他人的面前去炫耀自己的钱财，无形之中就会拉开你们之间的距离。

坦然的心态让你气质出众

英国史学家托马斯·卡莱尔费尽心思，经过多年的努力，完成了法国大革命历史的文稿，他将自己的作品原件寄给了他的朋友米尔阅读，请他批评指教。

可是没过几天传来了坏消息，米尔脸色苍白、浑身发抖地跑来，他跟卡莱尔说："我家的佣人在整理房间的时候，以为那一堆文稿是废纸，将它们都丢进火炉了，现在只剩下几张散页。"卡莱尔非常伤心，因为他的这部法国大革命史是他多年呕心沥血才写出来的，并且当初他在写这部书的时候，都是写一章就撕掉原来的笔记，根本就没留下备份。

但是卡莱尔并没有怨天尤人，他知道抱怨除了会增加烦恼外，对自己没有一点好处。他很快就从失落的状态中走了出来，并下定决心从头再来，自己再写一遍。

第二天，卡莱尔就重振精神，又买了一大沓稿纸。他是这样说的："这一切就像我把自己的作业交给老师检查时，老师对我说，'不行，孩子，你一定可以写得更好些！'"

所以，我们现在看到的法国大革命史，就是卡莱尔重新写的。

无独有偶，在我们中国也曾经发生过一件类似的事情。

在明末清初的时候，曾经有一个叫作谈迁的人，他花了20多年的时间，在自己50多岁的时候写成了一本历史巨著——《国榷》。可是意外发生了，在一天夜晚，他刚刚写好的书稿就被小偷给偷走了。他和卡莱尔一样，面对如此打击，并没有一蹶不振，而是默默地接受了这个事实，选择从头再来。谈迁又花费了几年的时间，终于再次完成了他的巨著。

“事已至此，那就坦然接受。”很简单的一句话，却体现出一个强大的内心世界。在面对突如其来的挫折时，卡莱尔和谈迁都没有自暴自弃，而是选择了接受和坚强。当人们不能控制不幸的事情发生时，至少可以控制自己在面对不幸事情时的态度。积极的态度总是对自己有好处的。

卡耐基曾说过，在不可改变的现实面前，我们只有三种选择：一是接受并适应它；二是抗拒导致人生毁灭；三是积压在自己的心头，等时间长了自己精神崩溃。头脑聪明的人，知道自己该选择哪一种。时间就如修改液一般，你希望你的生活被修改成什么样式的，那就用相应的心情去经营它。以“不以物喜，不以己悲”的态度来面对生活，你会发现再难过的关都将会渡过。

其实，我们人的心情和四月的天气一样，时好时坏。当天气晴朗的时候，我们会觉得很舒适，很开心，觉得做什么事情都很有活力；当天气阴晦的时候，我们就会发现自己做什么都不顺心，好像全世界都在跟我们作对似的。

可是我们却忘记了，晴空万里和狂风大作，这一切都只是大自然的规律，我们无法去控制它，也无法去改变它。如果让天气影响我们的心情的话，我们每天都会过得很困惑，很累。在现实生活中，不仅仅只有天气可以影响我们的心情，还有一些其他的外在因素也会改变我们的心情。比如，有个爱哭的小孩，只要你给他糖或者玩具，他马上就能够笑起来；或者在某次比赛当中，我们获得了一等奖，我想我们回家的步伐肯定是欢快的。在谈恋爱的时候会发现自己每天都过得非常开心，就算在公司被扣奖金，你也会觉得这一切都是无所谓的；然后当你处于失恋的状况下，老板就算给你升职加薪，你都觉得这个世界还是很灰暗。

看过电影《肖申克的救赎》的人，对那位罗宾斯饰演的名叫安迪的男子印象应该很深刻。

故事发生在1947年，安迪被指控枪杀了他的妻子以及他妻子的情人，被判无期徒刑。他在监狱里面并没有像其他的囚犯一样每天无所事事：他在监狱里盖起了图书馆，帮助囚犯去学习更多的知识；他利用自己银行家的身份，帮助狱警处理他们的税务问题。他每天充实且忙碌，过得很满足。

其实，安迪选择了以坦然的心态来接受自己入狱的事实，如果他没有这种心态的话，他会在监狱里面盖起图书馆，帮助那些囚犯吗？他的坦然的心态，让自己没有像其他囚犯一样空虚度日。

侯蒙很小的时候就非常聪明，但是他早先每次参加科举考试都没有考中，这让他的内心受到了极大的打击。因为侯蒙长得不好看，他还要忍受着村里人对他的冷嘲热讽。面对这样的生活，侯蒙却依旧过得很豁达，没有因为他们的嘲讽就放弃自己的远大抱负。

一个风和日丽的上午，微风徐徐。他走在江边欣赏景色的时候，看见有人在放风筝，于是他上前去观赏。他发现那群放风筝的人，把他丑陋的相貌画在了风筝上。侯蒙看见了，并没有去质问他们，反而说："有画没诗，岂不大煞美景！"于是，他很大度地在风筝上写了一首诗。其诗后两句写道："几人平地上,看我碧霄中！"众人上前一看，都被他的才华和志气所折服。从此再也没有人因为他的长相而嘲笑他了。

最终，通过自己的努力，侯蒙也考中了进士，并成了北宋时期一代重臣。

假如侯蒙在江边就和他们争辩，或者自己很羞愧地离开江边的话，不就遂了他们的心意了吗？到时候自己又将成为他们嘲笑的对象了。可是，他却反其道而行之，坦然地接受别人对他的嘲讽，用自己的行动去表明自己的立场，并用诗句去诉说自己的不凡志向。他是一个有理想有抱负的人，不会因为小事就自暴自弃。

在这个世界上最不缺少的就是无所事事的人，他们总是喜欢在别人的伤口上撒盐，来达到自己的目的。他们对你的冷嘲热讽，其实就是想看到你气急败坏或者惊慌失措的表情。如果你坦然面对外界的评价的话，反而会出现你意想不到的结果。

“二战”期间的名将麦克阿瑟和马歇尔是同班同学，但是两个人的命运却截然不同。麦克阿瑟出身于军人世家，父亲是美国有名的军人。而马歇尔虽然也是出身于军人世家，但是他的父亲和麦克阿瑟的父亲相比起来，就是小人物了。由于出身的不同，他们俩之间本来是没什么交集的。随着第一次世界大战的结束，麦克阿瑟成了西点军校的校长，是学校有史以来最年轻的校长，可以说他的前途是一片光明。我们再来看看马歇尔，他一直奔波于全世界不同的地方，在53岁的时候才是中校团长。

1933年，53岁的马歇尔到了晋升准将的年限。由于在军校学习的时候他考到了第一名，被麦克阿瑟嫉恨。所以，当时身为陆军参谋长的麦克阿瑟委派他去国民警卫队担任师长。国民警卫队不是正规的部队，在那里的军官基本上是很难得到晋升的。作为他的老上司，潘兴将军很是为他感到不平。

可是，马歇尔知道后却笑笑说：“其实这也没什么的，我都遭遇了这么多的坎坷，这一点挫折对我来说，不算什么。”

马歇尔很坦然地接受了麦克阿瑟的安排。在国民警卫队担任师长的时期，他努力做好自己的工作，没有一丝懈怠。后来，终于被罗斯福总统发现了他的才能，大展宏图，成为美国的陆军参谋长，从一个非正规军的师长一跃而升为四星上将。

马歇尔虽然受到了麦克阿瑟的排挤，但是他不回避、不放弃，坦然地接受对自己的工作安排，而且还非常努力地履行自己的职责，最终实现了自己的理想。很多人都经常使用“坦然”这个词语，可是又有多少人真正明白“坦然”的深刻内涵呢？真正的坦然应该是人生当中的一种境界，它是我们内在品质当中一种独特的魅力所在。

其实所谓的坦然，就是看得开，不被生活当中的功名利禄牵绊。陶渊明不为五斗米折腰，他性格耿直，清正廉明，不愿卑躬屈膝攀附权贵。虽然他希望得到朝廷的重用，但由于自己的性格和当时混浊黑暗的社会环境有着强烈的反差，所以他毫不犹豫地辞掉官职，坚持做个清正廉明的人，过上归隐的生活。他隐居在深山之中，获得了心灵的自由。他的坦然让自己没有在黑暗的世界中失去人生的方向，而如今有一些人，为了功名利禄渐渐迷失自我，放弃做人的原则。

坦然更是一种面对失意的乐观、豁达。性情豪迈的苏轼，年近不惑还能发出“会挽雕弓如满月，西北望，射天狼”的呐喊，在自己被贬黄州之后，依旧能写出“人生如梦，一尊还酹江月”。他的豪情洒脱，在于他拥有乐观的心态，不因一时的挫折就一蹶不振。因为他坦然的心态，也成就了他豪迈的一生。

坦然也是一种包容。三国时期的蒋琬，宰相肚里能撑船；蔺相如以他的大度和包容，和老将廉颇共守赵国，让国家免于战火的荼毒。

然而在现实生活中，我们的眼睛被世俗的功名利禄蒙蔽。只要我们抛开所谓的名利，只要我们擦亮眼睛细心观察，就会发现，之所以我们活得累，是因为我们在自己身上强加了过多的负担。只要我们过得坦然一点、豁达一点，我们会活得轻松许多。

生活在这个繁杂的社会当中，许多的成败与得失，并不是我们能预料到的。但只要我们在面对这些无法预料的事情时保持内心的一份坦然，不去计较，不去埋怨，保持那份坦然的心态，你就会发现生活美好的一面，并在生活的熔炉中修炼出出众的风度与气质。

抱怨会让你的形象大损

曾有人说过这样一句话："抱怨是失败的标签，愚者的陋习；不抱怨是幸福的秘诀，智者的美德。"

在日常生活中，我们总是会听到各种各样的抱怨，抱怨这个社会不公平，抱怨房价太高，抱怨自己付出的劳动和拿到的薪资不成正比，抱怨自己的人生不如意，抱怨自己的爸妈没给自己创造一个好的环境等。有些话，是我们自己说出来的；有些话，是我们从别人那里听来的。可是，我们的时间总是花在抱怨上，却很少用来审视我们自己，我们为什么不想想：为什么自己会有这么多抱怨呢？

在一个公司上班的两个人，他们经常在一块吃饭，其中一个人每次打开自己饭盒的时候，就会抱怨："怎么又是三明治，我非常讨厌三明治。"他的同事只是看了他一眼，什么话都没有说，埋头吃自己的饭。到了第二天，他们又在一块吃午餐，同样的情况发生了，当他打开自己的便当盒的时候，还是重复着昨天的话："怎么又是三明治，我非常讨厌三明治。"他旁边的同事依旧是和昨天一样，保持着沉默。到了第三天，他们又相遇了，他正准备打开自己的饭盒，要说话的时候。他的同事就制止了他，并且问道："你怎么不让自己老婆给你做其他的午餐呢？"那个人很茫然地回答道："我都是自己做午餐，没有人帮我做。"

每天都是他自己给自己做午餐，他却每天都在抱怨自己。时间长了他内心当中负能量就会越积越多，这势必会影响他个人生活的质量。他从来没想过自己怎么去改变这种现状，把时间都浪费在无谓的抱怨上面。如果他能抽出一点时间，给自己做个不一样的午餐，那么他就不会如此了。

抱怨就如慢性毒药，它会慢慢地蚕食我们的内心，慢慢地改变我们对人生的态度。当你在抱怨生活不好的时候，有没有想过你为生活创造了什么。人生如牌局，上天只是负责发牌，而玩牌的是你，没有人手里永远是好牌，也没有人手里一直是烂牌。不要抱怨，烂牌也能玩出精彩的人生。

亨利·内斯特莱出身于德国的富豪家庭，在年少的时候他在德国过着无忧无虑的生活。在他 19 岁的时候，由于家族在一场政治变革中受到了打击，从此家道中落，让他的生活发生了翻天覆地的改变，他的脾气也因此变得很暴躁。

有一天，他出门游玩，刚好路过一块农田，由于被洪水淹没后，里面的庄稼已经被毁坏了一大半，看到这样的场景，他不免伤感了起来。突然，他看到了农田里面有人在补种庄稼，而且还干得非常卖力。他走上前去问："庄稼都已经这样了，你一点都不难过吗？""抱怨是没有一点用的，那样只会浪费我的时间。洪水虽然毁了我的庄稼，但是却给我带来了很丰富的养料，我为什么难过呢？说不定明年还是一个丰收年呢。"说完，农民就笑了起来。

说者无心，听者有意。是呀，抱怨不能改变任何现状，相反只会让事情变得更糟糕。此刻他心中所有的郁闷和不快都烟消云散了。

在以后的生活中，他时刻牢记那位农民的话，不生气不抱怨。再后来他成立了自己的公司，也就是现在众所周知的雀巢。

在上初中的时候，我们会抱怨自己的母校这制度不好，那制度太苛刻，很是羡慕同村的高中生，总以为进了高中就不会再受那些条条框框的限制了。可是当我们满怀欣喜地走进高中校门的时候，却也无时无刻不在抱怨。于是在这个时候我们又开始羡慕那种传说中的大学生活了，但到大学后发现也没有想象中那么美好。当我们从大学毕业后，我们又开始抱怨这个社会不公平，工作太累，薪水太少。我们就这么一路抱怨着过来，总是在抱怨外在环境给我们带来的种种磨难，可是却很少有人问自己：我们给这个社会带来了什么？

在英国威斯敏斯特教堂旁边，有一块墓碑，上面刻着一段非常著名的话：当我年轻的时候，我的梦想是改变这个世界。当我慢慢成熟以后，我才发现我不能改变这个世界，于是我将目光缩短了些，我要改变我的国家。可当我进入暮年的时候，我发现我不能够改变这个国家了，到最后我的愿望变成了去改变我的家庭，这时我却发现我已经快死去了。在我行将就木时，我突然意识到，要是从一开始我仅仅去改变我自己的话，那么我可能改变我的家庭。然后在家人的帮助下去改变这个国家，到最后也许就可以改变这个世界了。

比尔·盖茨告诉过我们，人生本来就是不公平的，我们要努力接受它，而不是去抱怨它。如果想要改变这个社会给自己带来的不公平，那么我们就要从改变自己开始，做自己力所能及的事情，并把它做到最好。我们不能改变过去发生的事情，也决定不了未来。但是我们可以改变自己，去创造属于自己的未来。

生活不可能是十全十美的，就像人的影子一样，不管你处在什么地方，只要有阳光在，你的影子就会与你形影不离。其实人生就是这样，要么你驾驭生活，要么你被生活左右。路该怎么走，到最后还是我们自己选择的。

小宁是来自辽宁贫困山区的孩子，经过努力考上了北京一所大学，毕业后就留在北京发展，几年之后在北京也买了房，日子过得也挺不错的。可是自从过年回家之后，回北京上班的他开始变得心神不宁。其原因就是自己参加了高中同学的聚会。在同学聚会中，他发现很多高中同学有了自己的事业，而他还是一个普通小职员，看着别人很成功，连当初最不如自己的同学，都娶了一个漂亮的老婆。再看看自己虽然在北京买了房子，可是每个月都要还贷。每次想到这里，他就开始抱怨自己，抱怨读了那么多年的书没有用，抱怨他们为什么机遇比自己好。他每天都浑浑噩噩，工作也不上进了，总觉得这个世界对他很不公平。

对于幸福生活的定义，一千个人就有一千个不一样的说法。有人说，幸福就是自己的家人平平安安；也有人说，幸福就是自己的孩子能够健健康康地成长；还有人说，幸福就是自己有车，有房，有票子……

其实幸福只是一种感觉，它不能被描述出来。幸福也不是给别人看的，别人的生活过得再好，那也是别人的而不是你的。在我们周围，其实不缺像小宁这样的人，他们本来对生活充满着积极乐观的心态，只是他们不明白自己想要的生活是什么，他们看见别人过得比自己好、舒服，就以为那是自己想要的幸福生活。可是他们却不明白，自己其实也是一个很幸福的人。卞之琳曾写道："你在桥上看风景，看风景的人在楼上看你。明月装饰了你的窗子，你装饰了别人的梦。"不就是这个道理吗？当你看见别人穿的是皮鞋，而你穿的是布鞋的时候，你要知道这世界上还有很多人都没有鞋穿。

所以我们不要跟自己去较劲，俗话说得好："人比人，气死人。"不要去在意他人的生活，你的生活也是同样精彩的。当你的内心世界简单，你的人生就简单了，幸福离你就更近了。

低调做人，彰显成熟气质

俗话说："地低成海，人低成王。"意思是告诉我们做人要谦卑、要低调。但是在如今的社会里，很多人把崇尚个性、张扬自我变成了人生信条，开始变得以为只有做轰轰烈烈的事情，才能被这个世界知道；以为只有在自己拥有巨大财富的时候，才能被世人尊重；以为高调的生活态度才是正确的。这其实都是偏激的想法。

其实，低调也是一种强者的处世智慧。果实饱满的谷穗是低着头的，万丈高楼的建成，关键在于地基。低调，是人的生存法则。俗话说得好："人怕出名，猪怕壮。"树大招风，不管你有多么成功，你的身世有多么显赫，你的财力有多么雄厚，在生活中也该坚持低调做人的原则。

三国时期的杨修，他博学多识，人又很聪明。而曹操是一个爱才惜才的君主，按理说，杨修应该会被曹操重用，但为什么最后却被曹操杀死了呢？其实杨修之死，主要是因为他锋芒太露了，不懂得收敛自己。处处显摆、卖弄自己的才识，让曹操心里很不痛快。正是因为他太过于恃才傲物，不懂得低调做人，再加上曹操生性多疑，所以才被杀死。

古人云："木秀于林，风必摧之；行高于人，众必非之。"高出森林的树木总是最先被大风吹倒，行事比其他人都要高明的话，众人都会来非议他。在生活中总有人仗着自己身世显赫、地位高，就看不起他人。他们总把自己摆在让人仰望的位置上，以为自己很了不起。

富兰克林在年轻的时候曾经历过这样一件事情：富兰克林前去拜访一位政界的老前辈，当他昂首挺胸大步进屋的时候，一不小心就碰到了门框上面，这位老前辈笑道："富兰克林，很疼吧，这可是今天我送你最好的礼物了，要想明辨是非，通情达理的话，你就要记着，时刻要低着自己的头。"在后来的从政生涯当中，富兰克林时刻谨记着老前辈的话，用低调的姿态去面对别人，最终成为一位伟大的人。

低调，不是低人一等，也不是一味地忍让。它是一种胸怀，更是人生的一种态度，也是养成出众气质的重要前提。有着一颗低调的心，在工作的时候就能够尊重别人的不同意见。在集体环境中，低调的人总比高调的人生活得更舒服一些。低调谦卑的人很容易受到大家的喜爱。相反，高调的人会因为自己高高在上、盛气凌人的姿态而让人产生反感。一个放低自己姿态的人往往会受到别人的尊重与支持。

在生活当中，保持低调姿态的人更容易交到朋友。在日常交往中，任何人都希望自己和对方能够站在同一层面上。如果你过分地显摆自己的身份，在他人的面前炫耀自己的钱财，无形之中会拉开你们之间的距离。从某种程度上来说，别人觉得这是你对他们的一种蔑视，是对他们的不尊重。假如你低调行事的话，就算你家财万贯，但是你从来不在外人面前显摆，就会让人觉得你平易近人，没有看不起人的意思。这样让他人更容易接纳你，而不是停留在表面的敷衍上。

三国时期的刘备，贵为一国之主。有人说他的江山都是“哭”出来的，其实不然。在刘备的一生当中，我们可以看到，他身上有着低调做人的处世风范。

刘备在没有起兵的时候，就和张飞、关羽两人结为异姓兄弟。那个时候的刘备虽然落魄，但他贵为皇亲国戚，是西汉中山靖王刘胜的后代。而张飞是一个卖猪肉的，关羽则是逃犯。如果刘备用高姿态去使唤他们，而不是结为异姓兄弟，到最后就不会有三国鼎立中的蜀国了，而他一辈子也就只能编织草鞋，没有机会做一国之君。

还有就是三顾茅庐。当时刘备投奔了荆州太守刘表，贵为太守的刘表以上宾的礼节去接待他。可是他前后三次去拜访毫无建树的诸葛亮。且不论刘备的身份地位有多高，单从年龄上来说，一个40多岁的长者去拜访20多岁的后辈，他都没有觉得自己很丢脸，他的低姿态，为他的建国立业奠定了坚实的基础。

在《易经》一书中曾提到："君子藏器于身，待时而动。"不管你的地位有多高，你的身份和财富如何，在为人处世方面都要收敛自己的锋芒。你的地位、身份、钱财就像一把"双刃剑"，如果你不注意自己的言谈举止，那么就会被世人妒忌的眼光伤害。所以越是谦卑的人，他在生活当中得到的回报越是丰厚。而那些趾高气扬的人，会在日常生活工作中变得举步维艰、寸步难行。

有一位毕业生在找工作时，被很多家公司拒之门外。在束手无策的时候，他决定把自己所有的证书都"抛弃掉"，用最低的身份去谋求职位。果然，过了几天他就被一家电脑公司聘用，他从一名最基层的业务员开始做起。没过多久，他的上司就发现了他的才华。这时，他拿出了自己的本科学位证书，这时老板就给他安排了一个适合本科毕业生的职位。没过多久，老板发现他的思维方式很独特，而且他在自己的工作岗位上表现得游刃有余，不像一般的本科毕业生，这时他就拿出了自己的博士学位证书，老总这才恍然大悟，于是毫不犹豫地重用了他。

收敛锋芒，低调做人，便可以让自己"柳暗花明又一村"。当自己身处在一个不好的环境当中时，我们不妨后退一步，以退为进，这样不仅能够让你脱离困境，还能够让你重新掌握事态未来发展的主动权。春秋战国时期的越王勾践，不就是很好的例子吗？吴王夫差大破越军，让越王变成他的阶下囚。在吴国做阶下囚的岁月里，勾践都是低调做事，忍辱负重，最终 20 年后一雪前耻，成为一代霸主。

现实生活中的很多人都会对“低调”产生误解。低调不是低眉，低调就像农田里面的成熟谷穗一样，是在低头思考自己的人生方向，而不弯下自己的脊梁。低调也不是一味地忍让，低调者的人生是没有沉沦和退缩的。它只是让你在困境面前“暗度陈仓”，待时而动。低调是人生的一种大智慧，它是一种以退为进的生存法则。而低调做人则是一种品格、一种姿态、一种心胸、一种风度和气质。低调做人不仅仅可以保护我们，还可以在陌生的环境中快速地融入人群之中，并且有助于我们事业的发展。

我们要学会低调做人，做到不造作、不炫耀，不让他人嫉妒你，就算你的环境再好，也要收敛。个性张扬的人只能生活在虚荣的世界里，所炫耀的一切只不过是为了消除自己此刻内心的孤独感和空虚感。当别人不再理会他们的时候，他们也就会倒在自己的虚荣心下。

对待小人，展现君子之风

孔子曰：“唯女子与小人为难养也，近之则不逊，远之则怨。”在如今的生活当中，小人专指喜欢做搬弄是非、挑拨离间、隔岸观火、落井下石之类坏事的人。它与“君子”一词相对。

在我们所生活的地方，都有小人。正所谓“有人的地方，就有小人”。通常，小人做人做事都是不厚道的，为了达到目的常常使用卑鄙的手段。与小人相处，稍有不慎就会吃大亏。因此我们要学会慧眼识人，学会分辨小人和君子。

小人通常有着双重人格，一面是阳光，一面是阴暗。他们在面对有利于自己的事情和不利于自己的事情时，会表现出两种截然不同的态度，做事喜欢人前一套，人后一套。

小人是最喜欢造谣生事的。为了利益，为了自己的功名利禄，不惜用造谣的方式打击他人；喜欢无中生有，用“莫须有”的罪状去指责他们的对手；喜欢挑拨离间，热衷于溜须拍马。他们常常接近上司，打小报告，去分化员工和上司间的关系，具有两面性。喜欢落井下石，属于墙头草。他们只要看到别人身上没有什么利益可图，就会狠狠地抛弃他们；只要有人在工作上出现差错，就会在身后给他们再补上一脚，让他们的生活“雪上加霜”；等等。

“人上一百，形形色色。”人多了，什么样的人都有。有人的地方就有小人，有小人的地方就会有纷争。

当我们面对小人的时候，不要去和他们辩论，也不要去和他们大吵大闹，他们就是希望你能和他们理论几句。试想一下，若你被狗咬了，难道还要咬回去吗？你需要做的是，用接受的心态去应对小人给你制造的麻烦。只要你用一种平和稳定的心态去对待他们，那么祸水就不会溅到你的身上。古人说：“忍一时风平浪静，退一步海阔天空。”

我们在生活中又该如何把握对待小人的分寸呢?

我们不要去招惹小人，也不要去得罪他们。我们宁愿选择去远离一个小人，也不要与他们结怨。三国名将姜维，因为怕黄皓在后主刘禅面前说他的不是，加害于他，于是就效仿他的恩师诸葛亮辞官，在沓中屯田避祸，逃过一劫。孔子曾说过:“君子坦荡荡，小人长戚戚。”君子的心胸宽广、豁达，不会因为小事跟你记仇，但是小人就不一样了，他们心胸狭隘，可能为了鸡毛蒜皮的小事对你怀恨在心。我们不和他们去争斗什么，因为小人一般都是言而无信的人，在他们的世界里面没有原则可言。当一个人连原则都没有的时候，你干吗要和他斗呢?不如让他存活在自己的世界里面，多行不义必自毙，他丑恶的嘴脸迟早会露馅的。

小A和小B同样是在公司财务部门做会计的。有一次小A结完账，就叫小B去装订。在整理的时候，小B发现其中有一沓账单不见了，当时也没有在意，她以为夹在其中。于是她就打卡下班了。到了星期五要汇总的时候，她再去找，发现压根就不在文件里面。这时候总监又要账单，小A就在那里说，以前从没有丢过账单，怎么就这个星期的不见了。因为小B才来公司不久，小A的言外之意就是在说小B把账单弄掉了，最后实在找不到，只好去银行补账单了。到了周一的时候，丢失的账单却意外地在另外一沓账单当中出现了。其实，那沓账单是小A偷偷地藏了起来，就是为了给小B制造点麻烦。

小A在公司的时候，经常喜欢在暗地里搞一些小动作，占有别人的劳动果实。她经常在领导面前说同事的坏话，说某某上班的时候在偷偷地看电视，某某今天上班迟到了。由于她卑劣的行为，在公司里面她基本没有什么朋友。同事们看到她都会躲得远远的，生怕自己招惹到她。

在生活工作当中，遇见几个小人是很正常的事情，所以，不要因为遇到了小人就变得烦躁，失去自己的理智。不要因为他们在暗地里给你的打击，你就去怀疑自己的能力，委曲求全或者跟他们理论，那样只会增长他们的气焰。应当换个方式去想，把他强加给你的不如意、不快乐，当作上天给你的一种恩赐，把它视为上天对你心智的考验。要用积极的心态去面对他们所带给你的挫折和不堪，迎接新的每一天，不要把时间浪费在他们身上。他们只不过是生活当中的小丑，就是用来供大家娱乐的。

在工作当中，遇到小人的时候不要理会他，而要努力地工作。把自己所有的精力都放在工作上面，把分内的工作做好，那么他就再也挑不出你的毛病，诋毁你的言语也就会消失。也不要恃才傲物，小人的心理特点本来就是见不得别人比他好，恃才傲物的话，就会被他抓住把柄，去挑拨你和他人之间的关系，让你变得更加孤独。同时要保持和领导之间的良好沟通渠道，不要因为自己的不在乎让小人有可乘之机，到最后得不偿失的是你自己。

面子留给别人，风度属于自己

在生活中，我们总是把“心直口快”当作美德，即使因为自己言语不当引起别人的误会，我们也总是以“我这个人说话一直就是这么直，不会拐弯抹角”为由为自己犯下的错误找借口。在遇到事情的时候，我们总以为要说得清清楚楚、明明白白，不能出现一点含糊；我们总以为道理是可以讲得清楚的，话是可以讲得明白的。然而，在生活当中你却发现，所有的事情结果都没能如你所愿。

在大千世界、人世百态中，我们总要经历很多事情，“心直”固然没有错，但是“口快”会将你“心直”所具有的优点全部抹杀掉。常言道：“君子无罪，怀璧其罪。”所以，要区别不同的情况，不要因自己大脑一时发热而得罪他人。在人际交往中，要学会看透不说透。

在这世界上，从来不缺少有才华的人，他们能力出众，知识渊博，但到最后还是过着穷困潦倒的生活。而有些人，同样有能力，有过人的本领，却能生活得有滋有味。为什么会出现这样的差异呢？

应该说，有很大一部分原因是他们不懂得人情世故。古人云：“世事洞明皆学问，人情练达即文章。”凡是成功的人，他们都非常明白“人情世故”的重要性。他们知道对方需要什么，所以当对方需要的时候，他们会很好地为对方考虑。

懂得人情世故，是这个世界上最基本的生存要求，如果你不懂得这些东西的话，会让自己在生活和工作上变得很被动。

从前有一个地主因为家里办喜事，请全村的人吃饭。眼看约定的时间都快要过了，但是还有一大半客人没有来。这个地主心里十分着急，便说道："怎么搞的，该来的客人还不来？"一些敏感的客人听到了，心想："该来的没来，那我们是不该来的了？"于是就悄悄地走了。

他一看家里的客人又少了一半，就更加着急了，急忙说："怎么这些不该走的客人，反倒走了呢？"剩下的客人一听，又想："走了的是不该走的，那我们这些没走的倒是该走的了！"于是连招呼都不打又都走了。到最后只剩下一个跟地主较接近的朋友，看到这种尴尬的场面，就劝他说："你说话前应该先考虑一下，否则说错了，就不容易收回来了。"主人大叫冤枉，急忙解释说："我并不是叫他们走啊！"朋友听了大为恼火，说："不是叫他们走，那就是叫我走了！"说完，头也不回地离开了。在面对问题的时候，我们总会在第一时间把自己的想法表达出来，看似很聪明，其实这是一种很愚蠢的做法。首先不提你的看法是好是坏，在不知根不知底的情况下，你说出来的话能不让人觉得突兀吗？再者，在现实生活当中，我们每个人都有自己的空间。有些东西不用拿出来分享的，也没有必要去分享。不是所有人都喜欢听你的故事。你想说，人家还不愿意听呢！

因此，我们不要急于把自己的感觉说出来，更不要去随便揣测别人。应该做好自己该做的事情，做好分内的事情。要知道，在这个世界上，很多事情比我们想象中要复杂。人与人的生活环境和文化背景也存在很大的差异，在面对他人怪异的行为动作的时候，不要去随便纠正他们，而要尊重他们。不用怪异的眼神去看待他们，不要理所当然地想问题。

看透不说透，给他人一个空间，同时也是在给你自己一个机会。

爱默生曾说过："由于自己的优越，我们常常无情地驳掉了别人的面子，伤害了别人的自尊心，抹杀了别人的感情，却又自以为是，扪心自问，这种心理是多么浅薄，心胸是多么狭窄啊！"

"人活一张脸，树活一张皮。"脸，就是面子。所谓的面子，其实就是我们的自尊心和虚荣心。应该说，人人都要面子。不要面子的人很容易遭受世人唾弃，但过分要面子的话，也会因为过分的虚荣心，变得不受人们的喜欢。

从前，有一户农村人家，家里有三口人。这家人非常穷，穷到什么程度呢？他们家里就只有一条裤子，谁要出门就把那条裤子穿出去，而另外的人就只能待在家里，用被子盖住自己的身体。吃的基本都是野菜。但是男主人却从来不让别人知道他家里的真实情况。有事没事，就喜欢在外面吹嘘自己吃得好，天天吃肉。他家有块抹了猪油的布，每次在出门之前，他都要用抹布把自己的嘴巴给擦一擦，把自己的嘴唇弄得油光光的才肯出门。

有一天，他正在集市上面跟人家吹牛，说自己吃了什么山珍海味，路人都信以为真。就在他得意扬扬的时候，他的儿子光着屁股匆忙地跑过来，上气不接下气地对他爹说："咱家出门时擦嘴的油布被隔壁家的猫叼走了，你赶快去追回来！""你娘呢？她不赶紧追回来！""我娘出不去，你俩只有一条裤子，你穿出来了啊！她在被子里盖着呢！"人们听了哈哈大笑。

这只是一个笑话，但其实在我们身边有着很多像故事中的主人公一样的人，他们好面子、爱吹牛，到最后让自己闹出不少的笑话。太热衷于虚荣心的自我满足，会给自己的生活带来诸多不便。不过，面对人身上都有的爱慕虚荣的弱点，我们应该更加明白人们需要什么。我们应该用理解的心态去看待他们，不要去拆穿他们，适当地给他们一点面子。

诗人柳亚子喜欢吟诗作文，很受人们的欣赏，他的书法流畅奔放，一泻千里，却很潦草，甚至不易被人所识。书画家辛壶不直说柳亚子先生的字迹潦草，却委婉地说柳亚子先生的字是"意到笔不到"，含蓄、风趣，使柳亚子先生极为佩服。

我们生活在一个讲究面子的文明社会里，因此我们在考虑自己的面子的时候，更要去顾及别人的面子。而考虑别人的面子，有时候可能还需要我们自己委屈一点，在有些问题上作出适当的让步。古人说过："忍一时风平浪静，退一步海阔天空。"多去考虑别人的情绪，会让我们在与人交往中更加游刃有余。何乐而不为呢？

在洛阳的某个村子里发生过这样一件事情。

村子里的小李为了一点鸡毛蒜皮的小事和同村的人结怨，他多次去找村子里年老有名望的人去做说客，帮他化解怨恨。可是就是没有人帮他，没有办法，他只好去隔壁的村子找人帮忙，为他来化解这段恩怨。

有个人很乐意接受这个请求，他亲自上门去拜访和小李吵架的那个人，做了大量的说服工作，终于化解了这段恩怨。

可是他并没有立刻回自己的村庄，而是把小李村子里那些有声望的老人都请到了一块，对那些老人说了很多客套话，还请他们吃饭。到最后那些老人红光满面地离开了。他之所以这么做，是因为他觉得自己作为一个外来人，来解决小李本村的事情，会让那些老人觉得自己没有面子，而他宴请这些老人，就是设法挽回老人的脸面。

你给别人面子的同时，会发现别人也在给你面子。所以不管我们有多能干，我们也要学会去尊重他人、给他人面子。给人面子，自然不是让我们去作践自己，卑躬屈膝地去奉承他们，而是要我们懂得如何做一个“关键先生”，在别人最尴尬的时候给他们一个台阶下。

看透不说透，留一点面子给人，是一种智慧，也是一种善良。而如果能在生活中做好这些的话，你会变得更有风度，也更有气质。

第五章

"质"为自信者倾倒

没有人能够给我们痛苦，只有我们自己给我们痛苦。如果你想要微笑的话，那么首先你就得给自己微笑。当你微笑的时候，这个世界才会对你笑口常开。所以用微笑去面对这个世界吧，你会发现你所经历的都将是美好。

正视自己，存在即合理

22岁的小雨，因为一次事故，脸上留下了一块小伤疤，这使她开始变得不敢和男生接触，更不敢和男生交流。22岁，花一般的青春年华，却因为自己的伤疤没有谈过一次恋爱。她独自一人走在学校里面，看到一对对的情侣，心里很羡慕，每次听到宿舍的室友聊到她们和男朋友之间的甜蜜时常会感到空虚、寂寞，很渴望能拥有一段感情。可是她又不敢认识其他的男生，只要一接触男生，小雨就很紧张，不知道自己要说什么，最后都会把气氛搞得很尴尬。

自卑是一种影响心理健康的情绪，它不但有损我们的气质，更是幸福生活的敌人，它遮住了我们的内心，它使我们变得胆怯、虚弱，也使我们的生命脆弱得如一张纸，经不住生活的风雨。心理学家认为，自卑是一种消极的不良情绪，是导致心理障碍的一种情感因素。自卑心理较强的人往往会因为缺乏自信而表现出不愿意和人交流，终日郁郁寡欢，就像小雨一样，因为在意自己脸上的伤疤，而不敢和男生交流。

自卑心理不是与生俱来的，它的形成原因是多种多样的。一般来说，可以分为以下几个方面的原因：

第一，生理方面的原因。对自己的身体感到不满意，在与别人比较的时候，觉得自己的身材、长相、体态、肤色等方面不如他人而产生自卑心理。这种生理自卑在年轻女孩当中最为常见，外部形象是她们进行自我评价的重要方面。

第二，在生活中遇到挫折或心理受到创伤。好胜心强是导致人们感到自卑的又一大特点，一旦他们在竞争中遭到了失败，就会产生自卑心理。

第三，性格因素。性格开朗的人一般不容易产生自卑心理，而内向的人相对来说就容易产生自卑心理。有些性格内向的人，因为自己在学习、工作上表现得不尽如人意，会变得低估自己的智力水平，甚至会对自己整个人生产生消极的想法，片面地认为自己"处处不如别人"。于是导致在社交活动中变得拘谨起来，放不开自己。

第四，家庭教育。我们都知道，父母是孩子的第一位老师。在家庭教育中，父母对孩子过于苛求，只要孩子稍微出现一点问题，就大加指责，甚至打骂，这种状况久了，孩子就会对自己的能力产生怀疑，形成自卑的自我评价系统。还有就是"我们家的孩子"和"别人家的孩子"的比较模式，即把别人家孩子的长处拿来和自己家孩子的短处相比较，这也容易形成孩子的自卑心理。

第五，家庭影响。因为家境贫寒，在物质方面不如别人，从而导致自卑。

小程是某名牌大学毕业的大学生，毕业后被分配到一个穷乡僻壤的小镇上教书，因为自己是从农村出来，而毕业后又要回到农村去工作，所有美好的打算在一刹那间变得支离破碎。看看自己的同班好友，有的分配到大城市工作，有的分配到国企，自卑和不平衡的心理油然而生，他开始变得沉默寡言，不参加任何社交活动。由于长时间封闭在自我的世界中，他逐渐患上了抑郁症，到最后，很极端地用自杀的方式结束了生命。

自卑虽然只是一种情绪，但它却具有极大的破坏力，它像毒品一样，一旦我们染上，它就会像操纵木偶一样操纵着我们，使我们一直生活在痛苦中。任何盲目的挣扎与哀鸣都不会将它驱逐，也不会使它产生怜悯之心，它将一步步蚕食我们的身心健康。

自卑是一种会严重影响我们工作、学习和生活的心理状态，我们要想更好地工作、学习和生活，就必须摆脱自卑的心理。

首先，客观地认识自己。我们要承认“天外有天，人外有人”，我们总是不喜欢用现实的标准来认清自己，而更愿意相信自己是内心里假定的那个人，但实际上，我们是不可能在任何领域都超越他人的。因为现实和理想有着不可逾越的差距，所以渐渐地我们就有了自卑感。其实，我们大可不必因在一些领域不如别人就对自己全盘否定。

其次，突出自己，挑前面的位置坐。挑前面的位置坐，是可以帮助我们建立自信的，鲁迅先生曾经就说过：“第一次吃螃蟹的人是很令人佩服的，不是勇士谁敢去吃它呢？”所以要尝试敢为人先，敢于把自己置于众目睽睽之下，久而久之，当这种行为成为一种习惯的时候，自卑就会慢慢地演变成你的自信了。

其实每个人都是大自然独一无二的创造物，所以每个人都不必自卑。试着做你不敢尝试的事情吧，你会发现你也如此优秀，试着用一种开朗的心态去生活，你会觉得以前的自己是多么的愚蠢可笑。滚滚红尘当中，生命如沧海一粟，不要让自卑占据你的内心世界，而要相信自己是有价值的。

微笑，点亮你的气质

人生就像一叶扁舟，如果负载得太多，必将无法远行。只有将生活当中所有的包袱卸下来，让人生变得轻便、简单，我们才能得到快乐。

泰戈尔说过，当人微笑时，世界爱了他；当他大笑时，世界便怕了他。

微笑是什么？微笑不仅仅是我们脸部细微的表情，也是一种人生境界。微笑是世界上最美的语言，在你对别人微笑的时候，也将会收到他人的微笑。它会让你变得友善，让别人觉得你很真诚。下面的自述或许可以给我们以启迪：

有一次我和我公司的老板一起去上海出差，由于老板在前几天感冒身体不太舒服，所以在飞机起飞前，他要求飞机上的服务员给他倒一杯水让他吃药。空姐听到后，带着一脸迷人的笑容且很有礼貌地对老板说道："先生，不好意思，由于考虑到您的安全，请您稍等片刻，等我们的飞机起飞进入平稳状态后，我马上就把水给您送过来，好吗？"说完，就优雅地走开了。

十分钟过去了，飞机已经进入了平稳状态。可是，空姐还是没有把水送过来。由于空姐迟迟没有把水送过来，老板再一次按响了乘客服务铃。很快，空姐就端着老板的水杯来到了客舱，径直走到老板的跟前，十分小心地把水送到他的面前，还是带着迷人的微笑说："先生，实在是对不起，由于我工作上的粗心，耽误您吃药的时间，我感到十分的抱歉。"老板还没有等空姐把话讲完就毫不客气地打断她，用手指着自己的表说："你看看，现在过去多久了。你是怎么回事儿，你们公司就是这样服务客人的吗？"然而空姐的微笑并没有因为老总粗鲁的态度而消失不见，她依旧带着微笑跟老板解释："先生，实在是对不起，由于工作太繁杂、太忙了，忘记给您倒水是我的不对，请你消消气。"不管她怎么解释，老板始终都不肯原谅她工作上的失误。

在接下来的旅途中，空姐为了补偿自己在工作上犯下的过错，每次给乘客服务的时候，只要她出现在客舱里面，总是会来到老板的面前，脸上一直带着她那迷人的微笑，询问老板是否需要服务。但是老板的心就如铁打的一般，不管空姐的服务多好，他始终都没有去理睬她，说话都是冷言冷语的。空姐的举动丝毫没有打动老板。

飞机很快就到了上海，快下飞机的时候，老板告诉我说他准备投诉刚才那个空姐。空姐又一次来到了老板的跟前，问：“您需要帮助吗？”老板只是让她把留言本拿过来。很明显空姐知道老总要投诉自己，却不失职业素养，依然面带微笑，很有礼貌地对老板说：“先生，对不起，请您允许我再一次向您表示真诚的歉意，无论您提出什么意见，我都会欣然地接受您的批评！”老板欲言又止，打开留言册开始写起来。我没有吱声，在一旁静观其变。

飞机顺利地降落在上海机场，乘客陆续离开了机舱。坐在车上我在想，当空姐忐忑不安地打开留言册时，她一定会十分惊喜。她怎么也不会想到摆在她面前的并不是投诉信，而是一封写得热情洋溢的表扬信。

老板在信中有这么一句话：“是什么让我最终放弃投诉呢？是你最殷勤的服务方式，是你表现出来的最真诚的歉意，特别是你前后多达 11 次的温馨的微笑，深深地感动了我。你们的服务质量非常高，我十分满意，以后有机会我还要乘坐你们这趟班机！”

中国古话说得好，“伸手不打笑脸人”。虽然空姐的笑容可能是出于自己的职业习惯，但是微笑确实是世界上最美丽的语言，它胜过一切抱歉的话语。所以，在人和人的相处中，微笑是至关重要的，它虽然不是犀利的语言，却比任何语言都有力。

在生活中我们会遇到形形色色的人，可能和我们发生各种各样的事情。当我们在面对悲伤者的时候，我们应该给他们一个温暖的微笑。即使微笑只是一个细微的面部表情，但它的价值很大，它就像雪地的太阳一样能融化悲伤者内心的伤痛，给他们坚持下去的力量。

当我们处在一个陌生环境的时候，你的一个微笑可以让你更快地被人接纳。微笑就像一张全世界通用的名片一样，你走到哪都会有人认识你。小小的一个表情，会给你带来丰厚的回报。

在一个偏僻的农村，有着这么一个小姑娘，她患有严重的口吃，经常被自己同村的小孩子嘲笑。但是不管他们怎么捉弄她，她的脸上始终保持着微笑。

学校要举行演讲比赛，小女孩非常喜欢演讲，于是就报名了。老师非常吃惊，他没想到一个患有口吃病的孩子，居然要去参加演讲比赛。成功报名后，小女孩每天都很努力地去大声说话，努力让自己在说话的时候不打结巴。皇天不负苦心人，经过女孩的不懈努力，她终于进入了决赛。她非常高兴，邀请了她妈妈到现场为她助威。

比赛开始了，女孩的妈妈心里充满了喜悦与紧张，双手紧紧地握在一起，手心都渗出了汗。就在女孩带着自信的微笑上场的时候，意外却发生了，下面的人都在嘲笑她："一个得了口吃病的人，居然也敢来参加演讲比赛，丢不丢人呀！"甚至还有人用粉笔去砸她。她的妈妈开始担心自己的女儿受不了打击，会在台上哭泣。可是小女孩却依旧带着微笑的表情，迈着自信的步伐走到话筒的跟前，用很慢很慢的速度说："我……相信……自己的……能……力，请大家也要……相信……我……好吗？"她说的这一句话让全场的人都惊呆了，演讲结束后，评委给了女孩高度的评价。当她走下台时，迎接她的是雷鸣般的掌声。

很多年后，女孩成了一名家喻户晓、闻名世界的主持人，女孩不再有口吃的毛病，代替口吃的是一口流利的普通话与标准的英语。当有人问女孩成功的秘诀时，女孩的脸上又闪出那为人熟悉的自信的微笑，女孩轻轻地说了一句："什么时候都要有自信的微笑！"

微笑代表了一个人的自信。在遭遇困境和挫折的时候能以微笑面对的人，他的内心是足够自信的，他相信自己能够跨过挡在自己面前的坎。在生活中，有很多人对自己没有信心，他们习惯用别人的长处跟自己的短处相比较，习惯用"不可以，我做不到"等消极的言语去否定自己。在面对不公平的待遇时首先选择的是去抱怨，带着情绪勉强接受它，所以他们脸上自然而然是缺乏笑容的。没有人能够给我们痛苦，只有我们自己给我们痛苦。如果你想要微笑的话，那么首先你就得给自己微笑。当你微笑的时候，这个世界才会对你笑口常开。所以用微笑去面对这个世界吧，你会发现你所经历的都将是美好。

人生的旅途如此漫长，我们在前进的过程中会遇到各种困难，要想拥有非凡的人生，我们就要经历风风雨雨。所以我们要摆正自己的心态，就让他们去嘲笑我们一无所有吧。梦想本来就是一次孤独的旅行，在路上少不了质疑和嘲笑，但那又怎样？就算一路崎岖，我们也要带着微笑走下去。

感恩对手，气质是一种胸怀

在秘鲁有着一片广阔无垠的国家森林公园，里面生活着一只世界上快要灭绝的美洲虎。为了保护这全世界的稀有物种，秘鲁政府决定在国家森林公园里面为它特别开辟出一片茂盛的森林，作为它的居住场所。为了让那只美洲虎能够吃好、喝好、睡好，他们在它的居住环境里面设计了茂密宽阔的草原，清澈无比的河流，更为重要的是，里面还有一群人工饲养的山羊、猪，供它享用。

前来参观美洲虎的人看到如此完美的居住环境，都觉得十分安逸，巴不得也成为一只美洲虎居住在里面。可过了一段时间后，他们惊讶地发现，他们再也看不到美洲虎奔跑的身影。它每天的生活除了睡觉，就是散步。在它身上渐渐失去了王者风范，每天过得就像一只乖巧的小花猫似的，到点吃饭睡觉，毫无作为。

公园里的人刚开始的时候还以为，美洲虎是因为缺少伴侣才这样的，于是他们通过其他方法，给这只圈养的美洲虎找来了一只处于发情期的母老虎。可是美洲虎还是没有改变，每天依旧是无精打采地生活着。

就在他们束手无策的时候，一位动物学家突然到访，对管理员说：“美洲虎是森林之王，在它所居住的地方，应该放一些对它能产生威胁的动物进去，这样才对它有帮助。这只美洲虎，独享了所有山羊，都没有动物去跟它竞争。时间一久，它本身的王者风范自然会慢慢地消失殆尽，不复存在，到最后就成了现在这个样子。”管理者采纳了动物学家的建议，在美洲虎居住的地方放了一只豹子。

经过几天的观察，他们发现美洲虎变得精神抖擞起来，不再像以前那样终日无精打采。因为它发现自己的领地出现了入侵者，原本属于它的食物在被那只豹子猎杀。所以，他必须捍卫自己的领土，就这样美洲虎重拾自己往日的雄风，和豹子斗智斗勇，再次成了森林之王。

同样地，在美国北部地区，当地人很喜欢鹿。为了让它们生活得更好一些，他们开始大量捕杀狼。当狼消失后，他们却发现鹿群的体质越来越弱，数量也越来越少。这时他们才明白，由于鹿少了天敌，开始变得懒散起来，不用再奔跑逃命，生活得十分安逸，体质也就越来越差。于是，当地人又在鹿群中引进了狼。接下来的结果是鹿为了活命不停地奔跑，然后超越自我，勇敢地繁衍了下去，而体质和生命力也一代更比一代强。

凶猛的老虎在缺少对手的情况下，导致自己失去了贵为森林之王的王者气质，让自己活得像一只病恹恹的小花猫。我们人也是一样的，如果我们缺少对手的话，会安于现状，会丧失竞争的意识，以至于到最后变得碌碌无为。

在这个世界上有很多人都比我们优秀，他们是作为我们的对手才出现在我们面前的。不过，人们一般都把上天安排给我们的对手视为自己的心腹大患，把他们看作自己的眼中钉、肉中刺。不过，实际上，他们的存在也激发了我们的潜能。

孟子曾经说过："生于忧患，而死于安乐。"如果没有豹子的存在，那么美洲虎只会安于现状、不思进取，到最后丧失自己的斗志，任人宰割。而有了豹子这个对手的存在，它的威严受到了别人的侵犯，它必须作出反击，那样才能保住它兽王的地位。没有对手的人，是很可悲的，没有对手的人也是孤独的。

其实人生是一个竞技场，本身就非常残酷，但这是我们成长必须面对的。在竞争的环境下，我们的潜能会被激发出来；在对手的压迫下，会使我们的意志力变得更加顽强，使我们不断地去完善自己，超越自己。在面对我们的竞争对手的时候，与其千方百计地想让他出丑，把他打倒，踩在脚下，还不如去欣赏他们，用心去感恩他们，去感谢比我们优秀、强大的人。

在2001年7月3日国际奥委会第112次全体会议上，北京战胜多伦多、大阪、巴黎、伊斯坦布尔，获得第29届奥运会主办权。全国人民为之欢呼雀跃，而主持人水均益却说了一句令人难以忘怀的话："我们要感谢对手。"

是的，正是有了多伦多这样强大的对手，北京才有紧迫感、压力感，才使我们的申办工作做得更扎实、更细致、更完美。这样的对手，可使中国更强大，在国际上的威望更高。从这个意义上讲，我们的确要感谢对手。

轻松的人生就如柳絮一样，风一吹就会四处飘散。没有固定的立足点，这样的人生是无所作为的。而我们的竞争对手恰恰可以帮助我们加重人生的砝码，让我们的双脚能够踏实地走在人生道路上。在生活中我们需要对手，要不然我们的生活就如一潭死水，看不到一点波涛翻滚的浪花。对手就是我们的镜子，在他们的身上可以反射出我们的优缺点，帮助我们去纠正自己的缺点，完善自己。所以，对于对手，我们也不要用狭隘的心去对待他们，而应该大度地接纳他们，没有对手就没有今天的我们。

南宋诗人陆游在《游山西村》中写道：“山重水复疑无路，柳暗花明又一村。”其含义是，在你绝望的时候，突然之间所有的事情都会在一瞬间被解决掉，生活发生戏剧性的转折。19 世纪英国作家狄更斯在《双城记》中也曾说过：“这是一个光明的时代，也是一个黑暗的时代；这是一个充满希望的时代，也是一个令人绝望的时代。”没有人喜欢出现危险的事情，但是天有不测风云，危险总是在我们身边出现，让我们防不胜防。然而在危机之中，其实也蕴藏着机遇，只是我们缺乏一双去发现它的眼睛。

在美国的亚拉巴马州恩特曾颖镇的公共广场上，有一座高大的纪念碑。这座纪念碑不是纪念某个伟大的英雄，更不是当地政府修建的政绩工程。它是纪念曾在当地发生过的一场灾难。在碑文的正面有一行金色的大字：深深感谢象鼻虫在繁荣经济方面所做的贡献。而象鼻虫是美国棉花田里的一种害虫。

在1910年的美国，一场突如其来的象鼻虫灾害袭击了亚拉巴马州的棉花田。密密麻麻的象鼻虫就如浪潮一般席卷了整个亚拉巴马州，虫子所到之处，寸草不生，让种植棉花的农民所有的心血都毁于一旦。亚拉巴马州是美国棉花的主要产地，他们世世代代都是依靠种植棉花赖以生存的。在灾后重建的过程中，他们觉得如果自己的田里只是单纯地种植棉花，到了第二年的时候，如果再次出现了象鼻虫虫灾的话，那自己这一年的心血又将会白费。所以他们在种植棉花的时候，还在田里面种植一些玉米、大豆等农作物。由于棉花地的面积被部分分割出去，虫害再也没有像从前一样来势凶猛，所以用少量的农药就解决掉了。在丰收的时候，他们发现自己家的棉花产量并没有因为种植面积的减少而减少，棉花产量反而比以前要高出许多。

所以，以后他们每年在种植棉花的时候，总会在田里种植其他的农作物。他们的经济收益越来越高，生活也变得越来越好。因此，他们把所有的功劳都归于象鼻虫，于是就修建了一座纪念碑来表达对它们的感谢。

危机就如一场灾难，但是其中也蕴藏着机遇。贫穷、失业、患病，这一切对我们而言就如一场灾难。有时候，我们只有跌入谷底时才能远离这个喧哗的世界，才能去聆听我们内心的声音，才能真正去认清自己，才会明白自己想要的是什么，自己想走的路是哪条，才会去思考自己的人生，不再随波逐流。在重新上路的时候，我们会向着自己的理想迈出坚定的步伐。而这一次危机，恰好就成了我们的一次机遇。

在汉朝时期出现了很多了不起的人物，司马迁就是其中的一个。他的作品《史记》被鲁迅先生称为"史家之绝唱，无韵之《离骚》"。

而《史记》这本书的问世却伴随着一段悲情的故事。因为镇守边关的将军李陵被迫降敌，汉武帝非常生气。而作为李陵最好的朋友，司马迁因为帮李陵辩护了几句，就被汉武帝关进了大牢，处以宫刑。对他来说，这无疑是一场巨大的灾难，但是也给他的人生带来了新的转折。回想自己以前作为太史令的时候没有什么作为，自己的笔根本就没有用到合适的地方，于是他开始审视自己。当他出狱之后，就全身心投入到写作当中，终于完成了"究天人之际，通古今之变，成一家之言"的《史记》。

在美国同样也有这么一个作家。他在监狱里面完成了大量的文学作品，他就是欧·亨利。

欧·亨利没有受过高等教育，在年轻的时候，生活很贫穷。因为被人冤枉偷钱，遭受了牢狱之灾，在坐牢的 4 年之中，他一共写了 12 本小说，出狱后更是一发不可收拾，继续写短篇小说。现在他的小说的读者遍布全世界。

在这个世界上，我们所有人都一样，无论是天才还是凡人，都将会面对不同的人生危机。危机就像是一把“双刃剑”，它在刺伤你的同时也能够成就你。面对危机的时候，你的态度和行动都会影响你的结果。如果你在危机面前畏缩不前的话，将永远走不出危机的阴影，而成功的机会也就会与你背道而驰。不管是对手还是危机，带给我们的都是一种考验，让我们变得更强大。而从某种程度上来说，一些危机，也是上天带给我们的“对手”。

所以，我们要心怀感恩，感恩我们的对手，感恩上天给我们的危机。因为有了他们，我们才变得如此坚强。

善恶一念之间，气质天壤之别

善恶之间，总在一念。一念错，全盘皆输。——《佛心慧语》

在佛经中曾提到这么一个故事。

有一天佛祖闲来无事，坐在花园的井边看看世人的生活，他看到了地狱里面有很多人因为以前作恶多端，受到地狱之火的惩罚。而此时一个无恶不作的江洋大盗透过井口看到了佛祖，他立刻向佛祖求救。佛祖用他智慧的目光看到这个人生前虽然草菅人命，无恶不作，但是，有一次走在路上的时候，正要踩到一只小蜘蛛，却产生了一丝怜悯之心，移开了自己的脚步，使蜘蛛得以存活，成了他一生之中少有的善事。

于是，佛祖决定用那小蜘蛛的力量来救他脱离苦海，一根蜘蛛丝从井口垂了下去，那大盗发现了，立刻抓住游丝向上爬去。不承想被其他备受煎熬的恶人们看到了，也蜂拥上来抓住了游丝，任凭大盗恶声大骂，他们仍然拼命地向上爬。大盗怕游丝不堪重负，毁了自己脱离苦海的唯一希望，便抽刀将身下的游丝砍断。结果，本来攀着很多人都安然无恙的蜘蛛丝却突然崩断，大盗也因抛弃了心中最后的怜悯而重新跌入万劫不复的地狱。

善恶往往就在一念之间。一念成魔，一念成佛。恶毒的话、歹毒的想法、让人厌恶的行为，对自己对他人来说都是地狱之火，让人难受。而你的善良的举动、善良的语言以及善良的念头，对自己或者他人都是福音，都会让人舒心。佛家常讲："种什么因，结什么果。"如果用你的善良之心去面对世人的话，那你得到的回报也将是善良的。"人之初，性本善。"人从出生的时候，性情都是相近的。但是因为沾染上了不好的习惯，便出现了不一样的人生。人们在自己日常的交际中如果接触的都是善良的人的话，那么他最后也将成为一个善良的人，反之亦然。"近朱者赤，近墨者黑"，说的就是这个道理。

孟子 3 岁的时候，父亲就去世了，他是由他的母亲一手抚养大的。孟母为了选择良好的环境教育孟子，三次迁居。

孟子小时候很贪玩，因为他的家离坟地很近，而且他那时候还小，模仿能力很强。他经常看到别人送葬的情景，于是他就模仿了起来，整天都待在墓地里面学人家哭拜和修筑坟墓。孟母看到自己的孩子在这样的环境下不好好学习，于是把家搬到集市附近。可是小孩子就是小孩子，在集市附近住的时候，孟子又去模仿别人怎么吆喝，做生意。孟母看到又着急了，只好重新搬家。这一次她把家搬到了学堂的附近，这时候孟子开始跟着学堂的学生一起学习知识。孟母认为这才是孩子应该学习的，心里很高兴，就不再搬家了。

最后，孟子成为一代大儒，被后人尊称为“亚圣”。

与孟子受好环境熏陶不同，一些不好的环境则对人们产生着不好的影响。

一个叫比尔的社会工作者在各个监狱工作过，在这个过程中，他了解到在这些犯人中间，有90%的人都有着同样的经历。那就是他们的父母总是不断地说，不管你怎么努力，都无法改变你们的恶习，也无法拥有美好的未来。

所以，在这样的环境和言论影响下，他们最终来到了监狱中。

从上面的故事里我们可以看出，我们周围的生活环境是可以对我们的心理造成影响的，进而塑造我们各不相同的个性、气质。生活在不被认同的环境里，人们会心生恶念，深陷在恶念的沼泽之中无法解脱。反观孟母，她知道环境对自己孩子的影响，为了让他能够成长为一个有道德、有善心的人，不惜三迁自己居住的地方。

和什么样的人在一起，你就会有什么样的人生。和善良的人在一块，你的心也会变得善良，绝不会变得恶毒；和勤奋的人在一起，你将会变得努力向上，不再懒惰。

芸芸众生，必有善恶。就如电荷有正负，磁场有南北一样，它们之间缺一不可。一个人有两个心房，一边住着善良，一边住着恶念。我们不是冷血的动物，每个人的身上流淌的血液都是热的。我们都有着一颗善良的心，它从来就没有消失过。人的心中都有着善念，只是有的被尘封在心底。善恶就好比田里面的庄稼和杂草一样，当杂草比庄稼生长得好，那么我们心中恶的一面就会显露出来；当庄稼比杂草长得好，我们心中善良的一面就会展现出来。所以，如果我们经常去清理自己心中的杂草，将会永存善念。

“勿以善小而不为，勿以恶小而为之。”在生活里，我们少说一句谴责的话，一张嘴多积口德，一双手勤做善事，你会发现你走的人生路将会是一条康庄大道。

有句话说得好，你是谁不重要，重要的是你和谁在一起。一个原本很优秀的人，由于被周围那些消极的人影响，变得不再优秀。反过来，我们在和他人交往的时候，是不是也该反思下自己，会不会把自己不善良的一面传染给了别人？

我们不能左右社会，但能左右自己的心。我们不需要力挽狂澜的魄力，也不需要两肋插刀的誓言，我们需要的是那颗平凡的善心。

阳光心态，扮靓你的气质

你改变不了过去，但是你可以改变现在，过去的就让它过去，我们会在未来创造更加美好的生活。因为你抛弃了不必要的包袱，生活才变得美好，人生如此短暂，有什么理由不去好好地生活呢？

有个演讲家，他正在准备第二天演讲的稿子，但是他的儿子很顽皮地在一边吵闹不停。演讲家不能安心地去准备自己的讲稿，于是从桌子上随便拿出一本书，把里面的彩色插页给撕成碎片，放在他儿子的面前。他对儿子说："如果你能把这张图片拼起来，我就给你买你喜欢吃的冰激凌。"

演讲家以为这样就能够让他的儿子安安静静出去玩耍，不会再打扰到自己。但是过了一会儿，儿子又来敲打他的房门。演讲家看到儿子如此迅速地就拼好了破碎的图片，感到十分惊奇："儿子，你怎么这样快就拼接好了图片？"他的儿子说："这非常简单，在图片的另一面是一张动物图片，我就把动物的照片拼到一块，然后再把它翻转过来。我想如果这张动物的照片是对的，那么这张插页就拼好了。"演讲家听了非常高兴，就带着自己的儿子出去吃冰激凌了。在路上，他对自己的儿子说：“你替我准备好了明天演讲的题目：如果一个人的方法是正确的，那么他的世界也将是正确的。”

在现实生活中，很多的人总是习惯使用同样一种方式去面对生活，一旦发现有看不习惯的事情，就试图去改变它，从来都不会从其他的角度出发去思考问题。我们要明白，在这世界上有许多东西是无法改变的，即使改变也是暂时的。就如这个世界一样，不可能为你一个人而单独存在，当你所面对的事情没能如你所愿的时候，当你心情不好的时候，就试着去改变自己的心态和思路吧，或许因为你的改变，你会发现你所看到的世界有另一番模样。

人生的道路漫长且曲折，在我们的一生中充满着很多成功和失败。顺境常常让人感到欣喜高兴，但是逆境也不一定全是悲伤和痛苦。笑对失败，用轻松、随意的心态去看待上天给你的挫折，这或许比成功带给你的欣喜要更加珍贵和难得。

成功对于我们每个人来说都是一件非常幸运的事情，比如学到了一门新的语言，完成了一部新的作品。在成功背后，其实我们都是踩着失败的阶梯走上去的，所以，我们更应该笑对失败。过去固然悲伤，但是你要相信明天仍然很美丽。不要因为一时的不顺心，就在自己的世界里自暴自弃、一蹶不振。

霍金因为疾病不能像正常人一样活动，但是这一切并没有让他放弃对生活的追求。

他曾经说过："要把困难当作自己人生的挑战。"他做到了这一点，用自己残缺的身体去面对困难，最终他成为一个伟大的物理学家。他的研究为物理学做出了巨大的贡献。

失明的海伦·凯勒在认字的时候，只能依靠自己的触摸和感知。在学习的时候，她先用自己的手去触摸模板上面的单词，然后老师在她的手上拼写她触摸到的单词，她便是用这样枯燥的方法去学习的。虽然很辛苦，但是她从来没有放弃过。对于她来说，不仅仅是认字困难，就连平常我们可以轻易学会的说话都很困难。她只能用手去摸老师的脸部和嘴部动作来学习、模仿。虽然饱受病魔的折磨，但是她依旧坚持学习，并且在自己坚持不懈的努力下考进了哈佛大学。

巴尔扎克曾经说过："对于天才来说，苦难只是垫脚石；对于勇敢者来讲，它是最好的财富；对于弱者而言，它却是万丈深渊。"所以说，困难其实并不可怕，可怕的是我们不能以正确的态度去勇敢地面对困难。使人倒下的其实不是困难本身，而是源于我们自己的一颗逃避的心、一种消极的态度，缺乏战胜苦难的勇气和信心。

人生在世，不可能一帆风顺，遇到困难或者不顺心的事情，这都属于正常的现象。但是有的人在面对困难时，会变得唉声叹气，退缩不前；而有的人则会变得精神抖擞。对于我们来说，沮丧是一种很正常的现象，因为我们本身就是会思维的感情动物。可是，如果我们长期处在这样的心境下，就会让自己变得不开心、不幸福。

所以，我们要学会用阳光的心态去面对生活，用阳光去驱散我们心中的雾霾。它会在你遇到困难的时候，给你克服困难的勇气。当我们面对生活中的不幸时，它能够使我们化悲痛为力量，使我们在人生的道路上走得更加自信。

课堂上，老师进屋后，什么话都没说，就从他的文件夹里面拿出一张白纸，然后用毛笔在上面涂了一个大大的黑点。班上的学生都不明白自己的老师要做什么，在下面交头接耳地讨论了起来。这时候，老师举起自己手上的白纸，很大声地问道：“同学们，你们大声地回答我，你们看到了什么？”全班的同学异口同声地回答道：“我们都看见了一个黑点！”在同学们回答完后，老师又问道：“就只有一个黑点吗？你们再想想，你们还能看到什么？”同学们听完老师的话，开始在下面积极地讨论起来，可就是没有发现其他东西。老师看见同学们都没有举手回答他的问题，于是说道：“你们只是看到了一个黑点，这么大的一张白纸，你们看不见吗？”同学们听完，才恍然大悟。

在生活中，我们就如课堂里面的学生一样，只会看到其中的黑点，而忽视了黑点之外的白纸。在同一件事情中，我们只在乎它最糟糕的一面，而没有在意它最积极的一面。在人际交往中，我们何尝不是只看到别人身上的“黑点”，而忽视了他们身上所拥有的“白色”呢？

我们活在这个世界上，十有八九会遇到不如意之事。不管是喜悦的、痛苦的、悲伤的，我们都要分开来看，一件事情总有好有坏，我们不能只是看到它消极的一面，还要看到它积极的一面。遇到不开心的事情，我们与其痛苦伤心，还不如用微笑去面对它。有时候转换一下看问题的角度，就能改变你的心情。人生如此的短暂，我们没什么理由不去好好地生活。记住，过去固然悲伤，但是明天依旧是美丽的。

别让你的情绪影响到你美丽的明天。

不随波逐流，赋予你自信的气质

孔子有个学生叫作曾参。他为人非常善良，对自己的邻居非常的友善，很孝顺自己的父母，品德十分端正，没有做过什么为非作歹的事情，居住在他们家周围的人都知道他是好人。

在曾参的家乡费邑，有一个与他同名同姓的人，有一天他在外乡杀了人。顷刻间，“曾参杀了人”的传闻便传遍了曾子的家乡。

第一个听到这个消息的人，立马来到曾子的家，告诉曾子的母亲：“曾参杀了人，你快走吧。”曾子的母亲对自己儿子的品行非常了解，知道他是不会做这种伤天害理的事情的。于是，她大义凛然地对那个报信的人说：“我的儿子，是儒家圣人孔子的学生，他品德高尚，是不会杀人的。”说完，她就把那个人赶出去了。

没过多长时间，又有一个人跑到了曾子的家中，对他的母亲说："曾参真在外面杀了人，官府都把告示张贴出来了，你赶快走吧。"到了这时，曾子的母亲开始半信半疑了起来，但她还是非常坚定地相信自己的儿子不会做这样的事情，就没有理会那个报信的人。

第二个报信的人没走多久，第三个人就急忙跑了进来说："你家曾参真的在外面杀人了，现在官府的人就在来的路上。"曾子的母亲听到这里，心里开始七上八下紧张了起来。于是，她连忙把那个人推出去，关紧院门，竖起梯子，越墙从僻静的地方逃走了。

这则故事体现了"三人成虎"的威力，他们利用从众的心理动摇了一个母亲对自己儿子的信任。在心理学上对从众的解释为：由于群体的引导或者施加的压力而使个人的行为朝着与群体中大多数人一致的方向变化的现象，就叫作从众心理。而曾子的母亲就是因为受到了外在的影响，动摇了自己对儿子的信任。

我们生活在一个被"标签"的时代，有时我们都没有去好好地了解身边的人，就给他们贴上了各种标签。为什么会这样呢？因为在这个世界上，我们不可能对所有的事情了如指掌，对于我们不了解、不清楚，没有把握的事情，就只好采取"从众"的策略，也就是"随大溜"。

在生活中，很少有人在众口一词的情况下还能坚持自己的想法。因为他们处在同一个群体里面，每个人都希望能够找到自己在群体中的位置，希望自己能够和其他人和平相处，得到群体的认同。不论是谁做出了和团体不一样的选择，他都将成为团体的背叛者，成为他们打击的对象。所谓“枪打出头鸟”，就是这个道理，所以大家会隐藏自己内心真实的想法，让自己变得和大众一样。

在生物界中有一种很奇怪的虫子，叫作列队毛毛虫。顾名思义，也就是说这种毛毛虫喜欢排成一支队伍行走。最前面的一只负责方向，后面的只管跟从。

法国有一位叫作法布尔的生物学家，他曾经做过这样一个实验：他将很多毛毛虫都放在花盆的边缘上，每只毛毛虫都是首尾相连的。同时，他在离毛毛虫不远的地方放着它们最爱吃的食物。

法布尔观察到，毛毛虫按照既定的路线一个跟着一个走，它们毫无目的地围绕着花盆转了起来，过了几天后，它们因为没有吃到食物，活活地饿死在花盆上面。

毛毛虫遵循着它们固有的本能，按照以往的传统经验前进着，却不知道因为自己的盲目从众，没有吃到离自己不远的食物，从而让自己白白地丢掉性命。

其实，在我们生活中，也存在这样的情形。当别人说某一件事的时候，只要有人听到就会对另外一个人转述，而这种情形就如同毛毛虫一样——不知道真实情况，就盲目地跟从别人的步伐，相信别人的说法。

在生活中，我们总是不自主地受到他人的影响，在面对困境要做出选择的时候，总是习惯用多数人的意见作为自己选择的标准。许多人因为盲目地跟从别人，抹去了自己身上独有的个性，变成一个"众人"。

米勒从偏僻的农村来到繁华的巴黎，为了换钱吃饭，他只能画最畅销的裸体画。

一天晚上，他孤独地踯躅于巴黎的街头，在一扇明亮的橱窗前，他听到两位青年在议论着陈列在这里的一幅少女裸体画："这幅画糟糕透了，简直令人厌恶。""是啊，米勒画的啊！他是个除了裸体女人，什么也画不出来的人！"回到家中，米勒痛苦地对妻子说："我决定今后不再画裸体画了，即使生活将会变得更加穷苦，又有什么办法呢？我已经厌恶巴黎，我想回到农村去，住到农民的中间去！"

米勒很快移居到巴黎附近的巴比松。在这里，他用自己烧的木炭来画素描，靠朋友们的接济度过最困难的日子，还要经常对付资产阶级文人学士在艺术上对他进行的诋毁和攻击。但是，他始终没有动摇，坚持在画中表现农民题材，他画的《播种》《拾穗者》《扶锄的人》等都是世界美术史上十分著名的作品。巴比松风景优美，附近就是枫丹白露森林，后来一群画家聚集到这里，形成了著名的巴比松画派，而米勒就是这个画派的杰出代表。

这位享有"农民画家"之誉的法国现实主义艺术大师说过："我

生来是一个农民，我愿意到死也是一个农民。我要描绘我所感受到的东西。”

大多数人终其一生都只能成为无名之辈，而很大一部分人是因为在他们的世界里面只有吃吃喝喝，别人干什么他们就干什么，没有一点自己的主见，永远只是跟随着他人的思路走，过着“做一天和尚撞一天钟”的生活。他们就如掉落在水里的树叶一样，随波逐流。他们过着与世无争的日子，过着安于现状的生活。所以，他们都不曾体会到成功是什么滋味，于是也不想成功。

他们的生活没有激情，就如一潭死水般。他们只是在乎自己，而不关注其他人。

然而，在这个世界上还有一群和他们不一样的人。他们不甘自己的生活就如一潭死水，他们渴望自己有所作为。他们不愿意做个随波逐流的平庸之辈，更愿意做那只“出头鸟”。

1914 年 7 月 4 日，美国正在举行盛大的国庆庆典活动。这时候天空出现了一架飞机，在那个时候飞机刚刚被发明出来，还没有像现在这么普遍，飞机的出现让整个庆典活动气氛异常热烈。

过了一会儿，飞行员把飞机降落在庆典的广场上，当他下来的那一刻，马上被无数人包围，大家都在问飞行员“在天上飞是什么感觉？”“悬在半空中你会不会感觉很难受？”“上不着天、下不着地好玩吗？”……看到大家这么热情地关注他，飞行员并没有直接回答他们的问题，而是邀请他们到自己的飞机上，载着他们去感受飞机带给他们的感觉。

可是当他问完“有谁愿意乘坐飞机”之后，众人都心里没底，不敢说话了。飞行员感到非常奇怪。于是他又大声地问了一次，这一次终于有人举手，愿意坐他的飞机去感受一下“上天”是什么样的感觉。

果然，几分钟后，这位青年便被飞行员成功带上了天空，享受了千百年来无人享受过的“上天”滋味。重新回到地面以后，青年久久不能忘怀在空中自由飞翔的美妙感觉，并由此对飞机产生了浓厚的兴趣，进而做起自己制造飞机的美梦来。之后，他通过与朋友一起不断地努力与实践，创造了现在的“波音公司”。

现在，波音公司已经成为全世界最大的飞机制造企业，它所生产的各种型号的波音飞机，几乎已经飞遍了地球上的每一个角落。

鲁迅曾经说过：“第一个吃螃蟹的人是最勇敢的。”其实，在第一个吃螃蟹的人之前，一定有人想过要去尝试一下，但因为听从了别人的话，打消了自己尝试的念头，从而让自己失去了一个机会。应该说，很多时候，随波逐流是人们的通病。所以，在潮流面前，我们要做个有主见的人，要保持清醒的头脑，要知道自己需要什么不需要什么。在这个过程中找到自信，也找到真正的自我。

深耕细节，打造完美主义气质

小王是某大学的优秀毕业生，却在找工作的过程中吃了不少的闭门羹。

有一次，在参加招聘会的早上，小王不小心打翻了桌上的水杯，将桌子上的简历浸湿了。为了能尽快赶到会场，小王只是简单地将简历晒了一下，就匆忙地出门了。

在招聘会的现场，小王看中了一家知名公司的广告策划主管的岗位。这家公司的招聘人员先和应聘者进行简单的交流，觉得合适的话，再去收他们的简历。

轮到小王的时候，招聘人员在和他交谈的过程中，觉得小王很不错，便向他要简历。小王很欣喜地从包中掏出简历，这时候他才发现，简历上还有着一大片水渍。再加上在路上的颠簸，简历已经被折磨得不成样子了。小王将它稍微弄平整之后，就递了过去。看着这份“伤痕累累”的简历，招聘人员的眉头皱了皱，但还是收下了。那份折皱的简历夹在一叠整洁的简历里，显得十分刺眼。过了几天之后，他收到了这家公司的面试邀请，在面试环节他表现得非常完美，面试官都对他赞不绝口。在他快要走出去的时候，一位负责的小姐对他说：“你是今天面试者中最棒的一个。”小王高兴地离开了面试公司，回家等他们的回复了。

可是，过了很长时间他都没有收到面试公司的回复。他忍不住打电话向这家公司询问，负责招聘的那位小姐告诉他："在面试时，我们都对你十分满意，但是你却输在了简历上，你的简历和其他人的简历比较起来，实在是惨不忍睹。总经理说，一个连简历都保管不好的人，是没有能力去做好相关工作的。"

这件事给了小王深刻的教训。从此，他变得细心起来。他深切感到，决定事情成败的，有时往往只是一个小小的细节。有道是："天下难事必作于易，天下大事必作于细。"在日常生活中，同样的一件小事情一个人能做，另外的一个人也能做。但是他们两个人做出来的效果却不同。而出现不同效果的原因往往就在细节上。不注意细节，或者不把细节当回事儿的人，他们在做事情的时候就只能敷衍了事，也不会把自己的工作当回事儿。而考虑到细节的人，不仅能够认真对待工作，而且还能在工作的细节之中寻觅到机会，让自己走上成功的道路。

在上面的故事中，小王输在了细节。在生活中，不注重细节的人比比皆是，他们对事物的细节总是不屑一顾，自信地以为："成大事者，不拘小节。"殊不知，那些成大事的人在大量的日子里都是在做一些小事。

在一个阴云密布的下午，突然之间就下起了倾盆大雨，行人被迫进入附近的店铺躲雨。

一位老妇人也步履蹒跚地走进一家百货商店躲雨，商城内所有的售货员都看着这个衣着普通且模样狼狈的老人，但没人去搭理她，都对她视而不见。就在这个时候，一位年轻的小伙子出现在她的面前，很谦卑地问她："夫人，请问我能为你做点什么吗？"老妇人笑了笑说："谢谢你的好意，我就在这儿躲会儿雨，等雨停了，我马上就走。"

然后，那个小伙子就离开了。躲雨的老妇人看着这雨一时半会儿也停不下来，就显得心神不宁起来，自己不买人家的东西，却在人家的屋檐下面躲雨，觉得这有点不合情理。于是，她开始在商场内转起来，看自己能不能买点什么。就在她在商场中走动的时候，那个小伙子又一次出现在她的面前，他看出了老妇人的难处。小伙子对她说："夫人，您不必为难，我给您搬了一把椅子，放在门口，您坐着休息就是了。"两个小时后，雨过天晴，老妇人向那个年轻人道谢，并向他要了张名片，就颤巍巍地走出了商店。

不久之后，这个商城收到了一封邮件，这封邮件改变了这个青年的命运。小伙子的名字叫作菲利，而他帮助过的老妇人是美国亿万富翁"钢铁大王"卡内基的母亲。在随后的几年中，他进入了卡内基的公司，成了他的左膀右臂，事业扶摇直上。

何谓小事？就是日常生活中简单、细小的事情。何谓细节？就是细小事情中微不足道的环节。对于聪明的人来说，他们都不会简单地去看待这些细小的环节。他们会认为决定成败的也许不是你的能力，而是你面对细小事情的心态。我们每个人都期待着"天将降大任于斯人也"，可是我们却不曾明白，在这个社会上能做大事的人只有极少的一部分，剩下的大部分人还是每天都在做一些细小的事情。我们无视细节，是因为看不到细节是决定成败的关键所在，我们会觉得它太过于渺小，不会影响大局。

我们每个人都急功近利地追求成功，却不愿意静下心来去做小事情。大家看不到细节背后所蕴藏的价值。注重细节的人有着追求卓越的精神，有着锲而不舍的执着。

其实，细节精神不是一朝一夕就能够学会的，它需要我们长期地积累，更需要我们长期去准备，只有这样我们才能获得机会。

有两位刚刚毕业的大学生小曹和小陈，他们同时进了一家公司上班，做着同样的事情，可是没想到三年过去了，小曹成了部门的经理，而小陈却在年前就被辞退了。为什么同样的一个平台却出现了两种截然不同的结果呢？

原来，小曹自从进入公司之后就干劲十足，每天都精神抖擞，一门心思地扑在工作上。不管是自己分内的工作还是领导安排的任务，不管有多累，他从来都没说过抱怨的话，总是尽自己最大的能力去完成。为了工作上的事情加班加点，他都习以为常了，自己也乐在其中。并且，为了进一步提高自己工作方面的能力，他还自掏腰包报了一个培训班，为自己充电。

反观小陈，每天早上踩着八点的时间坎上班，到了下班时间呢，也是早早地就把自己的东西收拾好，等下班的点。遇到加班的话总是满嘴的牢骚，工作虽然没有出现很大的纰漏，但也没有做得出色过，在优胜劣汰的公司环境下，小陈被辞退了。

在这个社会中，除了那些已经成功的人，剩下的就只有我们这群普普通通的人了，和那些伟大的人相比较起来，生活就是唯一我们可以去创造的。而我们创造的生活，就是通过一件件小事情所积累起来的。

无论你从事什么职业，你都应该用心把自己的事情做好，只有你用心做好自己的事情，把它做完美了，你才能拥有打开成功之门的钥匙。

一个把自己的工作当作生命的人，无论面对多么艰难的困境，他们都会义无反顾、勇往直前，向自己的理想前进，而一个对自己抱着无所谓的态度的人，那么他永远都是职场上的过客，成为他人的垫脚石。我们要明白，用什么样的态度去面对自己的工作，那么它就以同样的方式回馈你。

年轻时候的卡耐基因为家境不好，不得不出去挣钱养家。

有一次他到某公司应聘，应聘的工作岗位就是为公司采购用品。在经过一番激烈的角逐之后，只剩下他和另外的两个人。面试的过程中，面试官只是简单地给他们出了一道算术题："假定公司派你到某工厂采购2000支铅笔，你需要从公司带去多少钱？"

第一名应聘者很快就算出了答案，是120美元。面试官问他是怎么计算出来的。他回答道，买铅笔需要100美元。另外的20美元是用作杂费的。面试官只是笑了笑，什么没说就走开了。而第二名应聘者的答案是110美元。对此，他解释道：2000支铅笔需要100美元左右，另外需用10美元左右。面试官同样没表态。

最后轮到卡耐基，他的答案写的是113.86美元。这位年轻人说：“铅笔每支5美分，2000支是100美元。从公司到这个工厂，乘汽车来回票价4.8美元；午餐费2美元；从工厂到汽车站为半英里，请搬运工人需用1.5美元，还有……因此，总费用为113.86美元。”

面试官非常高兴。于是，卡耐基被录取了。虽然他结算的费用既不是最少的，也不是最多的。但是，他是算得最清楚的了。这样既不会让公司付出多余的钱，也不会让自己掏腰包。而就是因为这个细节才让他脱颖而出。

“不积跬步，无以至千里；不积小流，无以成江海。”别看只是简单的几个数字就以为不值一提。生活中也从来不缺乏想做大事的人，但是唯独缺少一些能够认真去做细小事情的人。古人云：“一屋不扫何以扫天下。”让我们着眼于细微之事，把每一件简单的事情做好。把每一件事情都做得出色，慢慢积累起来，不就是一件大事了吗？

第六章

人格魅力让生活游刃有余

一颗宽容的心，就如同海洋一样宽广。我们多一些宽容，就少一些竞争对手。生活中的一些琐碎的事情就好比小小的水滴一样，它和一望无际的大海相比较，明显是微不足道的，你再多的不开心，放进大海之中，都是极其不显眼的。真正心胸豁达的人，他们是不会因为一点点小事情去跟人斤斤计较的。

放下身段，姿态低形象不低

人生在世，我们难免会碰到诸多坎坷和风雨，对于在生活中遇到一些不顺心的事，我们不要心怀芥蒂，也不必为这些事情耿耿于怀。不管它们带给你的是好运还是霉运，你都得去接受它。我们与其让自己背着包袱去受罪，还不如放下自己身上的包袱去享受生活给我们带来的快乐；与其让自己唉声叹气地面对命运带给你的不公平，还不如学会以豁达的心境去面对人生。学会放下身段，你的人生路将会越走越宽。

人的身段是一种内心世界的自我认识。这种内心自我认识可以帮助我们快速地了解自己。但这种自我认识也是一把“双刃剑”，在认识我们自己的同时，也会慢慢地封闭我们自己的内心，牢牢地限制自我。比如，古代的九五至尊，他们就不会做平民老百姓做的事情。一个名牌大学毕业的博士生，通常不会去基层做小职员。在他们心里都认为，自己如果做那样的事情，就会有损自己的颜面，会让自己脸上无光。

在上课之前，老师手里拿着一个盛着水的杯子。她站在讲台上举起杯子，让班上所有的学生都能够看得见，然后问道：“你们有谁知道我手里的这个杯子的重量吗？”

下面的学生都争先恐后地喊着:“50克!”“100克!”“125克!”老师看着一张张因为大声呼喊而涨红的脸,笑了笑说:“同学们,如果老师把它像现在这样举上几分钟,你们说会发生什么事情呢?”

这时全班的学生一反常态,异口同声地回答道:“什么事情都不会发生。”这时,老师又问道:“那么,我要是将它举一个小时,会发生什么事情呢?”

说到这儿,全班的学生都安静了下来。这时,班上一个男生突然之间站起来说:“老师,到时候你的手臂会出现疼痛现象。”老师微笑着说道:“你真聪明,那么你再说说,老师如果将它举着一天不动的话,会怎么样呢?”

“你的手臂会变得麻木,肌肉会严重拉伤和麻痹,最后你肯定得去医院。”那个男生回答道。所有的学生都笑了。

“很好。不过,在这期间水杯的重量发生改变了吗?”老师问道。

“没有呀。”大家一起回答。

“那么是什么使手臂疼痛、肌肉拉伤的呢?”老师停顿了一下又问道:“在我的手臂开始疼痛之前,我应该做点儿什么呢?”

班上又变得安静起来,学生你看我,我看你,眼神显得很迷茫。

“那就把水杯放下来呀!”一个女生说。

“对极了!”老师说,“生活中遇到的问题正如这个道理。你把它们在脑子里掂量几分钟,好像没有什么大不了的。但是时间久了,就会出现很多问题。所以,我们要学会放下。只有我们放下了,才看得清楚自己走的路。明白了吗?同学们!”

刘墉在《探寻根》中说："在旷野里迷了路，必须先知道自己从哪里来，把自己站的地方与来的地方画一条线，才知道已经走过的路与下一步的方向。就如同面子和身段一样。"

在生活中，有一些人性格很清高。他们之所以清高，是因为他们总拿自己高高在上的身段面对他人，其实人生来就是平等的，都是父母生养的，大可不必你看不起我，我看不起你，更不要装模作样地去生活。人嘛，有一点成绩不要翘尾巴，有两点、三点也不要翘。翘尾巴,是很容易出事的。所以,人们应该学会放下自己的身段，不要被身段封闭了内心。要不然，原本是康庄大道的人生路，可能会变成一座独木桥。

某天，和往常一样，小陈还是一大早就准时来到了公司。她的第一件事情就是到传达室去拿报纸，然后将公司前台的热水器的电源打开。最后，就是将办公室打扫一遍。

小陈并非这家公司请来的保洁员，她是北京一所高校的学生，是这家公司的实习生。她已经在这家公司实习三个多月了。

刚开始到这家公司的时候，她每天除了去传达室拿报纸，就是坐在自己的办公桌前看一些文件，偶尔还会帮公司同事买点东西、拿个文件之类的。这让她内心感到非常不满意，她本是新闻写作专业的高才生，刚开始进来的时候，她原本以为自己能够发挥自己专业的特长，写点文章什么的，可是却没想到自己会做这样的事情。

而且，每当她有问题去请教他人时，大家总是推三阻四的，她的问题总是得不到清楚的解答。

在私下和同学们聊天的过程中，小陈了解到和其他人比起来，自己每天的实习工作其实非常轻松。可是就是轻松的工作，让她苦恼了起来。实习了三个多月，她觉得自己什么东西都没学到，于是就向自己的父亲倾诉烦恼。父亲告诉她："在实习的过程中，你的主要目的就是熟悉你们公司工作的流程，如果你想要学什么东西，你就要虚心地向同事请教，没人教你的时候，你就要学会自己去观察。我们当年像你这么大参加工作时，都是帮同事打扫卫生，更别提实习了。"

听完父亲的一番话，小陈心中豁然开朗了起来。她想，既然自己没事干，那我就自己找事情做，所以才会每天早上很早就到公司，为同事整理桌子，帮他们打扫卫生，做自己力所能及的事情。

自从办公室的同事发现她做的这些事情之后，大家都改变了以往对她的态度。同事们都觉得这个女孩和其他年轻人比较起来不一样，她勤快又好学，吃得了苦。

于是，同事们开始耐心地解答她提出的问题，渐渐也让她去写一些文章。同事们都说她写得不错。后来才知道，她每次写的文章，同事们都得帮她返工。这时她才明白，原来课堂上学的知识很多都只能停留在课本上，真的本领还需要从实践中学习。

人的身段会把我们捆绑起来，让我们的人生路变得很窄。

在如今这个社会里，我们要学会适度调整自己，假如我们能够放下自己的身段去处世待人的话，我们的人生路就会越走越宽。在我们找不到专业对口的工作时，我们为何不学会放下自己的身段呢？我们谋求一份普通的工作，不是要你完全放弃你的理想，你也不用去在意别人是怎么看待你的，也不用去听他们是怎么议论你的。你只需要做你应该做的事情，走你应该走的路。

北大高才生陆步轩和陈生通过卖猪肉，让自己也成了成功人士。如果放不下自己的身段的话，也就没有现在的他们了。他们在北大的一次演讲中说道：“北大的学生可以做高官，可以当白领，更可以卖猪肉。”所以，我们不要看不起普通的职业，只要你用心去做，也可以成功。当然前提就是，你要让自己真正放下身段。

控制情绪，做情商高手

人是种情感型的动物，在内心里面有很多不同的情绪。比如说高兴、难过、沮丧等，所以，我们不可能永远处在好的情绪状态。

在生活中有挫折、有烦恼，就会有消极的情绪。一个成功的人，他不是没有消极的情绪，只是他是一个善于调节和控制自己情绪的人。在我们的成长过程中，要学会管理我们自己，而其中最为重要的就是学会控制我们的不良情绪。比如说，你遇上了一件让你很愤怒的事情，然后你把杯子“砰”的一声摔在地上，对你周围的人大吼一顿。然而等你的愤怒消失了之后，你会发现你们之间的关系没有以前那么密切了。这就是没有控制好自己的情绪最为常见的后果。为了避免出现这样的后果，我们要学会调节和控制自己的情绪。

在调节和控制情绪时，最忌讳的一点就是压抑自己的消极情绪。从心理学上来讲，压抑也是一种负面情绪，它并不能改变我们原本就有的消极情绪，它只是将它们累积在我们内心的深处。当它累积到一定程度，达到了饱和状态，就会像火山一样一触即发，而带来的伤害远远比刚开始要厉害得多。这也就是为什么一些平常看起来脾气不错的人突然发起火来，做出的事情让人很吃惊。有些罪犯在没犯罪之前，都是温文尔雅的，就是因为发生了让他不能释怀的事情，导致他走上犯罪的道路。

人一般会在三种情况下无法控制自己的情绪，第一种是愤怒，第二种是极度的喜悦，第三种是悲哀。人们常常会被愤怒冲昏了大脑，做出让自己后悔的事情。在愤怒面前，很多人都难以让自己保持一种理智的状态。

在成语字典中有“喜极而泣”这个成语，其意思是人遇到了意想不到的好事情而激动得流泪。在心理学上，它指的是人的一种极端的情绪，它和愤怒的特点是一样的。处在极度喜悦的心境中的人，很容易让自己变得自负，在这自负之中还带着虚荣心。他们希望周围的人恭维自己，因为这种极端心境会让人变得看不清楚自己，变得狂妄自大。

而最后就是悲哀了，我们又可以把它分为两种情况，第一种情况就是在悲哀之中能够顺利地重新崛起的人，他们能够在悲哀中奋斗，当然这是有利的一面。而另外一种情况就是“哀莫大于心死”，他们在悲哀之中一蹶不振。例如，男人和女人在一起，突然间其中的一方因为意外撒手人寰，而另外一方因为忍受不了恋人离去的悲哀，会产生自杀的冲动。

在生活中，我们很多人都会遇到这样的情况，因自己没有控制好情绪，做出了不理智的事情而感到后悔。

在面对不利于自己身心的情绪时，不同的人有着不同的处理方式。有的以乐观的态度去面对，有的会让自己继续沉沦其中，不能自拔。善于控制自己情绪的人在面对任何一种消极情绪时都保持着清醒的头脑，他们会分析其中对自己有利的一面，并且让自己能够在最短的时间内走出来，避免其他意外的发生。

控制自己的情绪其实没有我们想象中那么难。在面对事情的时候，一定不要着急去处理它，先要做到稳定好自己浮躁的情绪，然后再考虑用什么样的方式去解决问题，让自己受到的损失最小化。只要我们长期坚持下去，我们就会养成一种遇事不急不躁的好习惯。

学会控制自己的情绪会让你受益终身。面对即将爆发的情绪，哪怕你只是在时间上停留一秒钟，最后的结果也会发生质的改变。

有这样一则故事。

有个小男孩自小就受到家庭的溺爱，非常任性，爱发脾气。他对所有人都发过脾气，包括非常疼爱他的爷爷奶奶。一天，他的父亲实在看不下去了，觉得再这样下去的话，自己的孩子会变坏。于是，他把男孩带到了屋外面的栏杆面前，给了他一袋钉子，告诉他："你每次发完脾气后，就钉一根钉子在栏杆上面。"

一天过去了，男孩在栏杆上面钉了37根钉子，父亲过来看时，没想到他一天居然可以发30多次脾气。这时父亲走过来对男孩说道："要想让这上面的钉子消失，以后你一天不发脾气，就拔掉一根钉子。"慢慢地，男孩发现控制自己的脾气要比钉下一根钉子容易些，过了许多天，男孩终于将所有的钉子都拔了出来。

这时的男孩已经学会了去克制自己的情绪，不会乱发脾气了，父亲拉着他的手来到了栏杆面前，说："孩子，你真不错，你现在自己看看上面出现的小洞吧，虽然上面已经没有了钉子，却留下了许多小洞。它再也恢复不到以前的样子了，就好像你每一次发完脾气，不是说一句道歉的话就能够弥补你对别人的伤害的。不管你道了多少次歉，伤痕还是会永远地存于心头。所以，你以后做任何事情都要三思而后行。"

我们之所以会出现坏情绪，是因为生活中有许多不如意的事情发生，而我们又不能在第一时间就把它们给解决掉，时间一长，就让我们的情绪变得越来越差。但是如果我们能够像故事中的小男孩一样去调整自己，我们就可以让自己摆脱负面情绪的影响。

所以，当我们觉得自己情绪不好的时候，可以用转换注意力的方式去改变它。比如说，我们可以听一些舒缓、安静的音乐去放松自己，或者自己去健身房里面运动一番，然后洗个温水澡，安安静静地躺在床上。你也可以去读书、写日记等，这些都可以有效地控制自己的情绪。只要我们积极地去改变自己，我们的眼界就会变得更加开阔，世界观也会有所改变。

唐太宗在治理天下的时候，也曾因没有控制好自己的情绪，而错杀良臣。

在贞观二年，河南有个患有精神病的平民百姓，常常在大街上胡说八道，讲一些谣言。于是，唐太宗就派大理寺丞张蕴古去调查此事。在调查的过程中，他发现那个人确实患有精神病，就没有把他抓起来。可没想到，在上早朝的时候被人弹劾，说他包庇罪犯。唐太宗很生气，下令把张蕴古杀了。

又有一次，唐太宗因为自己一时愤怒，把瀛州刺史卢祖尚给杀了。卢祖尚当时在瀛州担任刺史一职，由于口碑不错，政绩也好，所以唐太宗想派他去任交州都督。

由于是皇帝亲自点名让他去的，他又不能违背圣旨，只好领旨谢恩。不久之后，他就托病推辞，不愿意去交州。唐太宗在知道他是装病之后，非常生气。并且在朝堂之上大发雷霆："我派人都派不出去，还怎么处理政务？"于是，他下令把卢祖尚杀了，但很快又感到后悔。

下了早朝之后，魏徵单独去见唐太宗，对他说道："齐文宣帝要任青州长史姚恺为光州刺史，姚恺不肯去。文宣帝气愤地责备他，他回答说：‘我先担任大州的官职，只有功绩，并没有犯罪，现在却让我担任小州的官职，所以不愿意去。’文宣帝就饶了他的死罪。”

唐太宗说：“卢祖尚虽然有失臣子的礼仪，我杀了他也太过分，由此看来，我还不如文宣帝呢。”他马上下追功令，恢复卢祖尚荫庇子孙任官的权利。

一般情况下，如果有人做了对不起我们的事，我们会感觉很愤怒，并且会采用相同的方式去还击，让对方也体会一下自己的愤怒。人在愤怒的一瞬间，他大脑的认知会降低，于是不能很好地控制自己的情绪。而人在发泄自己情绪的时候往往会波及周围的人，让自己的形象毁于一旦，还影响了自己和亲朋好友、同事之间的关系。

一个成熟的富有个人魅力的成功人士，应该具备强大的情绪控制能力，不管遇到多么棘手的事情都能控制好自己的情绪，很少出现不理智的行为。也只有控制好了情绪，才能一步步成就大事，让自己走向成功的巅峰，实现自己的人生目标。

不拒绝失败，永葆拼搏的气质

我们没有理由去拒绝失败，就好像我们没有理由去拒绝阳光一样，失败只是我们人生中的一个小插曲，它让我们的人生变得更加完美。失败让我们吃了不少苦头，但是我们应该感到幸运，它让我们明白人生其实是一个充满坎坷的历程。失败同时也让我们明白了和成功之间的距离，让我们能更加踏踏实实地走在路上。失败更是我们人生的财富，因为有了失败，我们会变得强大起来。失败使我们变得更加优秀、完美。所以，我们不能拒绝失败，拒绝失败就是拒绝成功。

在这世界上，大多数人都经历过失败，有一部分人在失败面前越挫越勇；而另外的一部分人则变得一蹶不振，陷入人生的沼泽中无法自拔。作家海明威说："世界击倒每一个人，之后，总有人会从心碎之处坚强起来。"失败其实并不可怕，可怕的是你失去了追求成功的勇气。

李宁在参加一次访谈节目时，谈到了他人生中最为惨痛的一次教训。在1988年汉城奥运会前，他因伤退出了国家队。但是因为当时的国家队后继无人，于是他收起了退役的心思，又重新回到了国家队。由于长时间没有系统的训练，再加上当时身体带着伤病，所以汉城奥运会成了李宁的一次败笔。全国人民在电视中都看到了李宁极为失败的表演，而且因为习惯，他总是面带微笑，这更激怒了广大的体育迷，这么难堪的结果，他居然还能笑得出来。

在回国之后，他没有像以往一样迎来国民的鲜花和掌声，人们送上的只有一阵阵谩骂声。那时候的李宁每天都承受着巨大的压力，他觉得自己根本没脸见人，每天都把自己关在家里。

但现在当他重新谈起这段经历时，他觉得对他的人生来说这是一件极好的事,使他变得更为成熟。他甚至说:“如果没有这段经历，也许就没有我后来创办李宁牌企业的顺利。”

在节目中他说:“不断的成功，它能增强我的信心，使我变得更加自信。但是失败却能让我更加清醒地去认识这个现实的世界，它能增强我内心的承受能力。世界舞台很大，我们每个人短暂的光辉只是这个世界舞台上的一个小片段，总有一天会被人忘记。我们人生所经历过的失败，不是一个跨不过去的坎儿，舞台这么大，路这么宽！我们总有机会重新再来一次的。”

在这个世界上恐怕也只有死人不会经历失败了。挫折和失败并不可怕，然而，在生活中却存在一些人，他们不肯承认自己的失败，一遭到失败就找各种各样的理由为自己开脱。他们可以借逃避而得到一时的安慰，也为此付出了最沉重的代价。我们总是羡慕那些成功的人。但他们之所以能够在芸芸众生中脱颖而出，是因为他们在无数次的跌倒之后能够重新站起来。失败和挫折并不能打垮他们，反而给了他们重新追求梦想的动力，帮助他们积累了更多的宝贵经验。

史玉柱说:“我们经历过失败的人，应该从失败当中学会点东西。我们人在成功的时候，所总结出的大道理都是虚的。只有经历失败之后，我们所总结的教训才是深刻的，才是真的。”所以，我们不要拒绝失败。不经历风雨，是看不见彩虹的。

被誉为世界第一 CEO 的杰克·韦尔奇读高中的时候曾经是校冰球队的成员。

在一次校际对抗赛中，他们开始连赢了 3 场，但随后却连输了 6场，而且其中 5 场都是一球之差。所以在最后一场比赛中，杰克·韦尔奇极度地渴望胜利。

在上半场，杰克·韦尔奇就独进两球，但下半场对方却连进两球，将比赛拖入了加时。加时赛开始没多久，对方又进了一球，比赛结果变成了 2 ∶ 3。

杰克·韦尔奇愤怒地将球棍摔向了对方的场地，然后怒气冲冲地进了更衣室，当时，整个球队都已经在那儿了。

就在这时，门突然开了，他的母亲大步走了进来，一把揪住他的衣领，冲着他大声地吼道："你这个窝囊废！如果你不知道失败是什么，你就永远都不会知道怎样才能获得成功。如果你真的不知道，你就最好不要来参加比赛！"

杰克·韦尔奇后来早就把他在朋友们面前遭到的羞辱忘却了，但母亲的话他从此再也无法忘记，是他的母亲让他懂得了在前进中接受失败的必要性。

一个人在成功的时候，人们很容易就能发现他的杰出品质；在他失败的时候，则能够看出他的追求。每个人的一生都会遇到很多大大小小的失败，这是我们无法避免的，也是无法控制的。在失败面前，我们不要被它吓倒，我们应该和它正面相对，把它当作生活对我们的考验，要坚强地走下去。失败就像我们的朋友一样，它教会了我们在书本上学习不到的知识，教会了我们该如何成长，该如何走上通往成功的道路。

跌倒了，只要我们能够爬起来，就不算是失败，它只是我们走向成功的一个台阶。如果我们没有爬起来的话，那就真的是失败了。不要因为一时的失败就丧失了继续追求成功的勇气。

1831年，由于林肯经营不当，他破产了。这也意味着他失业了，可是他并没有过得很颓废。在第二年的时候，他选择去做一名政客，可是天不遂人意，他在竞选议员的时候失败了。

之后，林肯又尝试创办企业，不过很快，企业便倒闭了。而此后的十几年里，为偿还企业倒闭时欠下的债务，他四处奔波，吃尽了苦头。

此后，林肯再次参加州议员的竞选，不过这次他成功了。这让他的内心里燃起了希望，认为自己生活的转机终于来了。

1835年他订婚了，可就在快结婚的时候，他的未婚妻突然不幸去世。

让他的精神受到很大打击，导致他心力交瘁，几个月都卧床不起。之后，他得了神经衰弱症。

过了两年，林肯觉得身体状况稍好一些后，开始准备竞选州议会的议长，结果失败了。

之后的几年，他又参加了两次美国国会议员的竞选，又一次失败后终于在1847年当选了。

1850年，美国的奴隶主势力大增，林肯被迫放弃议员身份，继续做回律师。

1860年，他终于当选美国总统。

有人曾经说过："只要是人，不可能永远成功。"失败对于大多数人来说，都是一个讨厌的词语。有的人会被失败吞噬，而有的人会把失败当作自己前进的动力。

越伟大的成功往往经历的挫折越多。林肯在无数次的失败面前都没有被吓倒，相反却激起了他强大的斗志，让自己最终当上了美国第16任总统。

上天总是公平的，他把我们面前的一扇门关闭的时候，也会为我们敞开另外一扇门。人类没有一件事是值得烦恼的，克服一次失败之后，你就提升了一次自我。失败是一所很好的学校，在失败的学校里面，我们应该好好学习，总结出自己失败的原因，还要学会如何去面对下一次的失败。

在古时候有一个人，他天资聪颖，而且非常刻苦努力。年纪轻轻的他就参加了很多考试，在他参加京城的最后一次考试时，所写的文章文采出众，得到了主考官的称赞。但主考官并没有让他金榜题名，他说：这样的人一出生就一帆风顺，没有经历过挫折，如果不让他经历点磨难，将来一定不会是个好官的。那个人经历这次失败后，更加努力学习，第二次考试中，他的文章写得更加出众。主考官这次没有阻挠他，最终他成了状元郎。他在以后的仕途中勤勤恳恳，认真做官，得到了皇上的赏识，最后被提升为朝廷的一品大员。

如果一个人的人生总是顺风顺水的话，那么他内心的承受能力一定非常脆弱。在他以后的人生道路上肯定是经不起任何风吹雨打的。所以，只有经历挫折和失败，才能磨炼我们的内心，让我们变得更加强大。而当我们经受住了失败的种种考验，有了更强的心理能量时，我们自身也就有了一种独特的精神气质，在面对失败时，会变得更加坚定。

逆境中坚守，令人折服的气质

人生不如意之事十有八九，在顺境中春风得意很简单，但是要在逆境之中坚守却是非常困难的。一个人在顺境中是发挥不出自己的潜能的，想要知道自己的潜能有多大，往往都是在逆境之中体现的。能够在逆境中坚守的人有着一种处变不惊的从容和忍辱负重的气度。逆境更能锻炼我们。

鲁滨逊在第四次航海冒险的时候，船在途中遇到风暴触礁，船上的水手、乘客全部遇难了，唯有鲁滨逊一个人幸存，只身漂流到一个杳无人烟的孤岛上。初来孤岛时，他是一无所有的，他不甘自己在孤岛上就这样等死，坚信自己一定能够活下去，自己一定能够离开这个不毛之地。

在一次上天的怜悯中，他在海边看到了之前出事的船。他砍掉树木的躯干，用它们做了一个小木筏，然后一次又一次地把船上的食物、衣服、枪支弹药、工具等运到岸上，并在小山边搭起帐篷，从此定居了下来。接着，他用削尖的木桩在帐篷的周围围上一圈栅栏，在帐篷后面挖洞居住。他用简单的工具制作了桌、椅等家具，猎取野味为食，饮小溪里的水，度过了最初的困难阶段。

在岛上，鲁滨逊从未慌乱过，他十分冷静地考虑如何生活下去，耐心地等待救援，后来他竟然想出了用记日子的办法来一天天撑下去。食物很快就不够了，鲁滨逊便出去打猎，原本一无所有的他，后来竟然有了一个自己的羊圈，并且可以经常吃到羊肉，喝羊奶。

就这样，孤身一人的鲁滨逊在岛上生活了许多年，仍然没有人来救援。可是他非常理智，他知道，如果自己都放弃了希望，那就将失去一切。于是，他又将不幸中的好处与坏处进行对比，找到了聊以自慰的办法。通过这样的对比，他意识到，自己虽然身处逆境，饱受孤独的折磨，但他仍然活着，整条船上只有他一个人幸存了下来。在这座孤岛上，身边没有野兽出没，还有吃的食物，对他来说，这已经是不幸中的万幸了。这么自我开解一番，他又重新鼓起了勇气，一心一意地去安排自己的生活，为自己的未来重新打算了一下。

后来，鲁滨逊还救了一个名叫“星期五”的野人（名字是他给起的），他教化了“星期五”，并让他变成了自己的跟班。在一个偶然的机会下，他们救了被困的船长，再次回到了英国，回到了他向往已久的文明社会。他也拥有了一段离奇的经历，具备了平常人难以企及的技能。

现在，我们重温鲁滨逊刚刚到达这座荒岛时的情景：那时他一无所有，生存堪忧，而他现在所拥有的一切，靠的都是他的勇敢、智慧和坚强的品格。总而言之，是他在当初逆境中的坚持，使他拥有了现在的一切，从而获得了重生。

有位哲学家曾经说过这样的话：“人们最出色的成就往往是处于逆境中取得的。”逆境就如磨刀石一样，它可以磨炼我们的品格、才气和胆识，可以激发人奋发向上、一往无前的勇气。对于我们来说，逆境就如一杯醒酒茶一样，能够让我们因在喧嚣的俗世生活中变得眩晕的头脑重新清醒过来。经历过逆境的遭遇，能让我们更加坚定成功的信念。

在逆境中坚持下去，会让我们变得越来越坚强。刚刚经历逆境的人是很脆弱的，因为落差太大，让人一时难以去接受。他们会觉得自己的一辈子就这样悲惨地结束了。但是，这样的想法是不可取的，你看鲁滨逊在孤岛独自生活了 28 年，他都能坚持下来。所以，没有过不去的坎儿。在面对困境时，不要灰心丧气。要坚信“三十年河东，三十年河西”。只要你坚持勇敢地去拼搏，总有一天你会逆袭困境的。

在困境里面最怕的就是意志消沉、焦躁不安等负面情绪的侵扰，当出现这种情绪的时候，我们不仅很难从逆境中挣脱出来，而且还会让我们陷入泥潭而无法自拔。身处在逆境之中，焦躁不安的情绪只会让我们的处境变得更加糟糕。所以，在面对困境的时候，我们需要做的事情就是收拾好自己的心情，像鲁滨逊一样，要相信黎明的曙光就在眼前。

逆境中一定要坚守。只要努力，一切皆有可能！

在美国，有一位穷困潦倒的年轻人，他身上全部的钱加起来都不够买一件像样的西服的时候，仍全心全意地坚持着自己心中的梦想——他想做演员，拍电影，当明星。当时，好莱坞共有 500 多家电影公司，他下来对这些公司进行了了解，然后排出一定顺序，带着自己写好的剧本，一家家地去拜访。结果没有找到哪家公司愿意聘用他，采用他的剧本。

面对一次次的拒绝，这位年轻人没有灰心，依然想方设法地去推荐，进行了第二轮拜访与自我推荐。可这些电影公司依然都拒绝了他。

接下来，第三轮拜访的结果与第一轮、第二轮相同。这位年轻人咬紧牙关，开始了他的第四轮拜访。功夫不负有心人，终于有一家电影公司的老板答应他下来再好好看一看剧本。几天后，年轻人获得通知，请他前去详谈。

就在这次商谈中，这家公司决定投资开拍这部电影，并请这位年轻人担任自己所写剧本中的男主角。这部电影的名字叫《洛奇》。

这位年轻人的名字就叫席维斯·史泰龙。现在我们翻开电影史，这部叫《洛奇》的电影与这个日后红遍全世界的巨星皆榜上有名。

我们每个人在成长的过程中都会面临挫折。任何一个成功的人在到达人生巅峰之前，都遭遇过不同程度的失败。挫折不是失败，它能给我们带来希望的种子。但是种子的发芽则需要我们的精心呵护。马化腾在他公司还没上市之前也经历了一场官司。如果不是因为那场官司，可能到现在我们用的聊天软件就不叫QQ，而是ICQ了。

其实人不是生而富贵的，一出生嘴里就含着金钥匙的人只不过是少数。还是有很多人和我们一样都是普通人，所以，这并不是我们放弃努力的借口。富贵不可捧，贫贱不可欺。古今中外有很多伟人都出身困苦和贫寒。所以，我们要学会在逆境中坚持，它一定会让我们走出黑暗，迎接清晨最美的太阳。

第一次“鸦片战争”时期，林则徐以虎门销烟、奋力抗英而闻名中外，成为晚清的一代名臣、民族英雄，为后人所称颂。但也是因为禁烟和抗英，让林则徐成了朝廷的一名“罪臣”，遭受了长达五年的悲壮流放生活。

林则徐在广州禁烟的最初阶段，得到了道光皇帝的嘉许，但是没过多久，林则徐就被迫成了朝廷的“替罪羊”。由于林则徐在广州禁烟严重影响了英国鸦片的销售量，让他们的经济受损，于是英国政府发动了“第一次鸦片战争”。前期，英国军队在林则徐的手中没有尝到任何甜头，于是就改变策略，沿海一路北上，锋芒直逼北京。道光皇帝只好被迫议和，而在广州的林则徐就成了这次战争的“替罪羊”。他五年流放生涯就此拉开了序幕。

林则徐抗英有功，却没承想到自己会被道光皇帝流放到新疆的伊犁。1841年，林则徐年近花甲，在去往新疆的路途中，仍然忧国忧民。当他与妻子在古城西安告别时，在满腔愤怒中写下了“苟利国家生死以，岂因祸福避趋之”的自我激励诗句。

到了新疆之后，林则徐不顾年事已高，带着自己的多病之躯，为新疆的开发呕心沥血。他从伊犁到新疆各地，“西域遍行三万里”，实地勘察了南疆的八个城，加深了对西北边防重要性的认识。林则徐在所译资料中发现了沙俄对中国的巨大威胁，这促成了他抗英防俄的国防思想，成为近代“塞防论”的先驱。于是，他向伊犁将军布彦泰明确提出“屯田耕战”，有备无患的建议。

他每到一个地方，都帮助当地的居民兴修水利、开荒屯田，大力推广坎儿井和纺车，他亲自设计修建的“林公渠”至今仍然造福于当地的老百姓。

林则徐在花甲之年遭遇如此重大的变故，从一个威震四海的“禁烟英雄”到被发配到新疆的“罪臣”。可以想到，他的前程是一片黑暗的，他从前的辉煌事迹都化为了一缕青烟。可是他并没有就此绝望，一蹶不振。在极端的逆境中，他依旧选择了报效国家。一句“苟利国家生死以，岂因祸福避趋之”就是他品格的最好证明。

在我们遭受命运磨难的时候，是挫折让我们懂得该怎样去生存，应该坚持什么、追求什么。磨难和挫折就如同一杆秤，可以测量出我们人格的高度和深度，让我们在困境面前能够挺直自己的腰杆。然而，我们更需要的是一种希望，只有我们心中充满了希望，我们才可以在困境中坚持下来，才能在风雨之后看见那迷人的彩虹。

大海般的心胸，化为强者的气质

宽容别人，其实就是宽容我们自己。对别人多一点宽容，我们的人生就会多一点豁达和释然，就少了许多埋怨。我们多对人宽容一点，我们的朋友也会多一点。人生路上朋友多了，行走起来就更热闹、更便利，就不会显得孤单和寂寞。有位名人曾说过：“谁想在厄运时得到帮助，就应该在平时宽以待人。”要想取得成功，我们必须有宽广的襟怀，要学会宽容他人。“海纳百川，有容乃大。”一个有宽宏之心的人，不管是处在什么样的环境下，都会有人和他一起同进退、共患难。

林肯在参加总统竞选的时候，经常遭受对手的冷嘲热讽。可是，他总能用一颗宽容的心去接纳、原谅他们。

在一次参加竞选演讲时，他又一次遭到了一位参议员的羞辱。那位参议员说："林肯先生，在你还没开始演讲之前，我希望你能记住自己是个鞋匠的儿子。"这句挑衅的话一出口，突然间整个嘈杂的参议院都变得安静下来。所有人的眼睛都注视着受到人身攻击的林肯。林肯听到后依然镇定，他点了点头，脸上带着微笑说："我非常感谢你让我想起了我的父亲，他去世已经很久了，我会把你的忠告牢记在心里的。"

竞选结束之后，林肯对那位傲慢的参议员说道："据我了解，我的父亲曾经也帮你们家做过鞋子，如果你哪天觉得自己的鞋子不合脚了，我可以帮助你修它，虽然我没能成为一个伟大的鞋匠，但我修鞋的技术还是非常精湛的。"说完之后，他转身对着会场上所有的参议员说："你们也和他一样，只要我的父亲帮你们做过鞋子，我都会帮你们终身免费维修。"

当他说完之后，会场上顿时响起了雷鸣般的掌声。林肯用自己宽容的气度，征服了在场的所有参议员。

事后，有人对林肯总统面对政敌的态度进行了质疑："你怎么会想让他们成为你的朋友呢？你应该做的是将他们打倒，让他们无翻身之日。"然而，林肯总统却说："我难道不是在消灭政敌吗？当我们成为朋友的时候，也就不存在敌人了。"将敌人变成自己的朋友，这就是林肯的胸襟。

在他去世以后，美国人建了一座以他命名的纪念馆。纪念馆的墙壁上有这样一句话："对任何人都不怀恶意；对一切人宽大仁爱；坚持正义，因为上帝使我们懂得正义；让我们继续努力去完成我们正在从事的事业；包扎我们国家的伤口。"

一颗宽容的心，就如同海洋一样宽广。我们多一些宽容，就少一些竞争对手。生活中的一些琐碎的事情就好比小小的水滴一样，它和一望无际的大海相比较，明显是微不足道的，你再多的不开心放进大海之中，都是极其不显眼的。真正心胸豁达的人，他们是不会因为一点点小事情去跟人斤斤计较的。生活中只有那些小肚鸡肠、心胸狭隘的人才会跟人争执、生气。拥有宽阔胸怀的人，总能给周围的人带来阳光，传递正能量。

春秋时期，周天子的势力减弱，诸侯群雄纷争，齐桓公、晋文公、宋襄公、秦穆公、楚庄王相继称霸。在齐桓公还没有成为一代霸主的时候，因为争夺王位失败而流落在外。后来他重返齐国，重用鲍叔牙和管仲，励精图治，终于成了春秋五霸之一。

在双方的王位竞争中，追随公子纠的管仲曾用箭射中了公子小白（齐桓公）衣带上的钩子，公子小白险遭丧命。可鲍叔牙坚持把管仲推荐给桓公。他说："只有管仲能担任上卿的要职，我有五个方面比不上管仲：宽惠安民，让百姓听从君命，我不如他；治理国家，确保国家的权益，我不如他；讲究忠信，团结好百姓，我不如他；制作礼仪，使四方效法，我不如他；指挥战争，使将士更英勇，我不如他。”

齐桓公最后不记私仇，采纳了鲍叔牙的建议，重用管仲。管仲担任上卿后，协助桓公进行改革，数年之间，齐便变得强盛起来，齐桓公也成就了“九合诸侯，一匡天下”的霸业。

有时候，并不是自己身体变强壮了，手段变硬了，就能成为强者，其实，要想成为强者，你首先应该让自己的心理强大，懂得去宽恕别人的罪过，包容他人的诬陷，用自己博大的胸怀去接纳他。就如故事中的齐桓公一样，宽容曾经试图杀害自己的对手。在宽容别人的同时，也成就了他自己的千古霸业。

我们生活在社会的大群体中，个人就犹如一粒微尘一样，永远都是最渺小的。就算你饱读诗书，有经天纬地的才能，没有其他人帮助你，你永远都无法成功。因此，想要到达成功的巅峰，首先就要学会对别人宽容，让他们成为自己的朋友。

他们每个人身上都有着不同的长处，当你把他们的长处积累到一起，就会有质的改变。它会让你的团队增加实力，而且因为你的宽容还能为你化解敌意。少一个敌人，你就少一分危险，你成功的概率就会大一点。

在古希腊的神话中，有一则非常有趣的寓言故事。

有一位大英雄叫海格里斯。一天，他走在坎坷不平的山路上，发现脚下有个袋子似的东西很碍脚，海格里斯踩了那东西一脚，谁知那东西不但没有被踩破，反而迅速膨胀起来，并加倍地扩大。海格里斯恼羞成怒，操起一根碗口粗的木棒去砸它，那东西竟然膨胀到把路都堵死了，使海格里斯根本无法通行。

正在这时，山中走出一位圣人，对海格里斯说："朋友，快别动它，忘了它，让它去吧！它的名字就叫仇恨袋，你不冒犯它的话，它便小如当初；你若冒犯它，它就会膨胀起来，挡住你的去路，与你对峙到底！"听了圣人的一番话，海格里斯感到羞愧难当。

也许在很久之前有人伤害了你，而你却始终忘不了那件事，到现在还痛苦着，内心不断地受着折磨。但是，你是无辜的，你要明白，你不是这个世界上唯一有着如此经历的人。应当尽快忘掉那些不愉快的事，让自己释然。

我们在与人交往的过程中，难免会因为种种原因与别人产生误会。如果我们因此就怀恨在心的话，那么故事中的"仇恨袋"就会悄悄膨胀，最终便堵塞了自己通往成功和幸福之路。并且那些不愉快的经历会跟随在我们的身边，让我们终日都不得安宁，让我们的生活失去原本的光彩。

在生活中，我们无论做什么，都会有反对的声音。面对这一切的时候，我们应该以一颗宽容的心去面对，只有这样才能化干戈为玉帛、化敌人为朋友。

小雯在某公司工作半年后就向公司提交了辞呈。原因是她认为自己在公司的人际交往中表现得不尽如人意，而且工作业绩上也是平平淡淡，毫无亮点。其实，刚进公司时小雯曾是一个能力出色、充满热情的人，之所以会变成现在这样，缘于她两个月前的一次遭遇。

刚进公司的小雯和同时进入公司的同事比较起来，各方面都非常优秀，备受高层领导的关注。有一次，她负责一个案子，如果能够顺利完成的话，她就有可能得到升迁。这对她来讲是一个千载难逢的好机会，但是在客户前来参观的那一天，由于过度紧张，小雯把案子弄砸了。

从那以后，小雯就不断地埋怨自己，在悔恨中过着每一天。为了能让自己的心里变得舒坦点儿，她开始变相地折磨自己，经常不吃饭，等自己想吃的时候又是一顿暴饮暴食。经常在家没完没了地喝酒，人慢慢地变颓废了，工作也不用心做了。最后实在没有办法，她只好选择辞职。

在日常生活中，有时候我们原谅别人容易，而原谅自己却很难。其实，人无完人，孰能无过？我们的一生犯的错误会很多，如果我们每天都生活在自责当中，岂不是要背着罪恶感过完一辈子？你不觉得这样的生活会很累吗？所以，我们要懂得原谅自己、宽恕自己。在我们犯错之后，应该做的是正视自己的错误，从里面吸取深刻的教训，确保自己下次不要在同一个地方摔倒两次，而不是让自己生活在无谓的自责中。

凡事不要太苛求自己，我们首先要学会尊重自己，接受自己不仅仅是接受自己的优点，还有接受自己不好的一面。有时候对自己太过于苛求的话，会让我们的内心受到难以摆脱的压力，也会让我们的身心饱受摧残。因此，我们要认清自己，要适当地宽容自己，而不是惩罚自己，只有做到了这一点，我们才能让自己的内心世界变得平静，才能生活得更加从容、更加愉快。

昂头挺胸，走出自信人生

莎士比亚曾说过一句名言："自信是走向成功的第一步，自卑必将走向失败。"

人不可以没有希望，没有希望的人，就好比雄鹰没有翅膀，就好像没有导航仪的轮船。这样的人生就如一潭死水，没有一丝的生气，没有亮色。

在美国有一个年轻的小伙子，因为酷爱汽车，因此在他很小的时候就有一个梦想，希望自己能够成为一名赛车手。

他小时候功课念得不好，还非常调皮。之后，家人他送去当兵，在服兵役期间，他学的是开汽车。他刻苦钻研开车的技术，就是因为他的努力钻研，为他的梦想奠定了基础。

随着年龄的增加，他不得不退役。在退役之后，他在一家农场工作，在农场里面，他依旧做自己的老本行——开汽车。在自己工作之余，他还参加了当地一支业余的赛车队，在车队里面，他拿出了在部队学车的干劲，努力去学习赛车的技能。并且只要有比赛，他都很踊跃地报名，但是由于技术不够好，因此几乎没有得到过什么名次和奖励，为此还欠下了一笔数目不小的债务。

上天总是喜欢跟人开玩笑。在一次比赛中，赛程都已经过半了，而他的赛车位列第三，原本以为这是他转运的开始，可没想到的是，后面等着他的却是厄运。

突然在比赛中，有两辆在他前面的赛车相撞，于是他迅速地打了赛车的方向盘，以避开这两辆车。但由于车速太快他的车撞到车道旁的墙壁上停了下来并开始燃烧。当他被救出来时，已经被严重烧伤。到了医院，经过长时间的手术之后，才把他从死神的手中救了回来。

这次事故让他受了重创，手部也萎缩了。尽管最终命保住了，可医生告诉他，以后不能再开车了。

不过，绝望并未打倒他，他内心依然怀着梦想，于是他准备再次为成功付出艰苦努力。之后，他接受了植皮手术，并不断地进行身体的恢复训练。为了练习手指的灵活性，他每天都用受伤的手指去抓木条，有时感到十分费劲，但他仍然坚持着。等恢复之后，他回到了农场，尝试训练开推土机，很快，他的手变得又逐渐灵活起来，也重新又长出老茧，于是他继续练习赛车。

在这之后，他在不到一年时间里便又重返了赛场，他先是参加了一场公益性的赛车比赛，比赛他没有获胜，而且他的车在中途还意外地熄了火。不过，之后的赛车比赛中，他的个人表现越来越好，并取得了第二名的好成绩。

又过了几个月，再次回到让他严重受伤的那个赛场上，他怀着信心驾车进入了跑道。经过一番激烈的角逐，他最终赢得了 250 英里赛的冠军。

他就是吉米·哈里波斯，一位具有传奇色彩的赛车手。他的努力与拼搏，让他的人生充满了色彩。而在经过努力获得冠军的时候，他流下了激动的泪水。

在他夺得冠军后，记者们问他问得最多的一个问题就是，“在遭受赛车事故严重受伤的打击之后，你是如何让自己走出来的？”

面对这个问题，他没有去马上回答，而是拿出一张本次比赛的宣传海报，把海报翻了过来，微笑着在图片的背后用手中的笔写上了一句意味深长的话——“把失败写在背面，我相信自己一定能成功！”

“理想很丰满，现实很骨感。”在希望和现实之间的确存在一段距离。可我们要知道，在人生大舞台上，从来就不会出现常胜将军，我们行走在漫长的人生路上，我们的梦想有时会被一只无形的手撕成碎片，但是它也带给我们一次次重生的希望。没有人是一生下来就什么都会，只有经过探索和努力才能取得成功，而这个过程中的每个阶段都需要自信勇敢地迈出探索的第一步。我们应该懂得，我们的人生可以精彩绝伦，也可以平庸，与其让自己生活得卑微，不如让自己活得精彩些。昂首挺胸，走出自己的精彩人生，要不计代价地走下去。有些时候不是因为看到了希望，才去坚持的；而是坚持了，才看到希望。

小泽征尔是世界著名的交响乐指挥家。在一次世界优秀指挥家大赛的决赛中，他按照评委会给的乐谱指挥演奏时，敏锐地发现了不和谐的声音。起初，他以为是乐队演奏出了错误，就停下来重新演奏，但还是不对。他觉得是乐谱有问题。

这时，在场的作曲家和评委会的权威人士坚持说乐谱绝对没有问题，是他错了。面对一大批音乐大师和权威人士，他思考再三，最后斩钉截铁地大声说："不！一定是乐谱错了！"话音刚落，评委席上的评委们立即站起来，报以热烈的掌声，祝贺他大赛夺魁。

原来，这是评委们精心设计的"圈套"，以此来检验指挥家在发现乐谱错误并遭到权威人士"否定"的情况下，能否坚持自己的正确主张。前两位参加决赛的指挥家虽然也发现了错误，但终因随声附和权威们的意见而被淘汰。小泽征尔却因充满自信而摘取了世界指挥家大赛的桂冠。

小泽征尔是因为坚信自己的判断，相信自己，才夺得了大赛的冠军，如果他也像其他的指挥家一样，随声附和权威们的意见，那么他也会和冠军无缘。有时候相信别人，不如先相信自己，能力再出众的人难免也有出错的时候。自信往往就是战胜一切的力量。

任何人都有缺点和弱点，任何人也有着无知无能的方面，只不过它们体现在不同的事情上面而已。我们每个人都祈求成功，但是最终只有对自己充满信心的人，才能到达成功的彼岸。在这个世界上，本来就不会存在十全十美的事物，所以我们要相信自己，相信自己很重要，要相信自己可以给世界带来不一样的东西。

我们应该怀有一颗自信的心，不要轻易否定自己。当我们遇到挫折的时候，应该保持头脑清醒，勇敢面对现实，不要去逃避。

然而在实际生活中，在我们的内心中，我们总会有一种于己不利的思想，它潜伏在我们的内心深处，支配我们去否定自己，打击我们的自信心，让我们变得自卑，变得畏缩不前。所以，我们要对自己有自信心，坚信通过自己的努力，我们一定可以达到自己的目标。

我们经历过的挫折只不过是一种为我们的人生增添色彩的颜料。因此我们要利用好它，它可以让我们更富有强者气质，让我们的人生变得更加绚丽多彩。

第七章

让自己变得稳重优雅

孔子在《论语》中说道："人而无信，不知其可也。"诚信是做人的基本要求，一个人只有真心诚意地待人处事，才能在社会上立足。我们无须说慷慨激昂的话，千万句的承诺都比不上一个实际的行动。

礼仪，体现在细节

随着社会不断进步，人们对自己的礼仪形象也越来越重视，礼仪是人们尽兴交流，加强合作和增进感情的重要方式之一。一个良好的形象不仅可以增加一个人的自信心，还能对我们个人的社交、求职、晋升提供巨大的帮助。在现今的职场竞争中，不仅是实力的较量，还是个人职场礼仪、职业形象的比拼。

小李是某公司的骨干员工，一天他正好去财务室领取工资。在等候的过程中，他就随手把手中的废纸揉成一团，扔在边上。当时并不是只有小李一个人在财务室领取工资，其他部门的同事看到后，都在议论纷纷，说："你看，他们 ×× 部门的人素质真差，以后还是少和他们聚会，免得到时候玩得不开心。"

小李走后，恰巧此时有位顾客来财务室交定金，他走路的时候，突然看到了地上的纸团，心里就开始琢磨起来了："这个公司的员工素质这么差，随手丢垃圾。他们做的东西质量会好吗？东西需要售后服务的时候，能有保障吗？我看我还是不交定金了，回去再斟酌一下！"

时不凑巧，就在顾客走之后，部门经理过来了，他陪着几位投资商来参观公司，正好路过财务室。他们一眼就看到了地上的废纸团，结果投资商捡起纸团问部门经理："你们公司有着这样的员工，东西的质量能有保障吗？”于是就放弃了跟他们的合作关系！

本来是一件极小的事情，却让公司损失了数百万元的订单。

礼仪是我们与人交往中重要的沟通纽带，礼仪不仅可以体现一个人的品位、素质，还能体现个人对社会的认知水平，个人的学识、修养等。我们在人际交往时按照礼仪规范行事，可以促进人和人之间的相互关系，让彼此之间更加尊重。

而职场礼仪可以说是我们工作的敲门砖，我们要认真地对待它。一个有着优雅举止的人，是深受面试官喜爱的。你在面试的时候，也许只是轻轻地关上门，摆出一个端正的坐姿，就为你的面试增加了成功的概率。

某工厂的副总在谈判的前几天由于自己身体不适，就让自己最得力的助手小王来帮他处理公司的事情，并且还让自己的助手准备好和外企合作的资料。

几天之后，副总的身体好了，他带着自己的助手和助手准备的材料来到了上海。他们坐飞机来到上海的时候，恰逢是晚上。接待他们的是合作公司的高管赵先生，40多岁非常年轻。赵先生尽地主之谊，把他们接到他的家中为他们接风洗尘。

由于他们一下飞机就来到赵先生的家中，在飞机上也没有吃到什么东西，所以副总的助手小王在吃饭的时候，没有招呼赵先生就大口吃了起来。赵先生看在眼里，笑了笑对副总说道：“你看你们小王那吃相，真难看。”副总也尴尬地笑了笑。

晚饭过后，他们就开始探讨合作方面的事情，还没等赵先生邀请他们去书房，小王就直接去了房间。在交谈的过程中，小王的谈判能力虽然不错，但是由于在谈判的过程中他经常双脚交叉，而且喜欢抖腿。赵先生都看在眼里，最后找理由把他们打发走了。工厂没能获得与赵先生的公司合作的机会。

职场礼仪是指人们在职场中所要遵循的行为法则。如果我们学会这些规范的礼仪，并且能够好好遵循，它会让我们个人职业形象变得更加完美。职场礼仪不仅体现个人的形象问题，它还能体现自己所在企业的形象。在如今交流日益频繁的社会中，职场礼仪是提高个人素质和单位形象的必要条件，是我们处事的根本，是非常有必要去学习的。

小刘是某公司的金牌推销员，他的口才非常棒，也善于和客户打交道，所以在公司的销售成绩排行中一直都是名列前茅。

然而，就是因为自己销售的成绩在公司无人能比，他慢慢变得心高气傲起来，在日常的工作和生活中越来越不注重细节了。以前出入公司的时候，他关门都是小心翼翼的，可是现在却不关门，或者是顺手就把门带上，弄出很大的声音。私下的时候，同事们也好心地提醒他，但是他却不以为意，依旧我行我素。

有一次，小刘到一个客户那里去做回访，刚一进客户办公室的门，就“砰”的一声，把门用力关上，在场的工作人员都被他吓了一跳,老客户的脸“唰”地一下白了。可想而知,这桩生意也泡汤了。但是，这件事依旧没能引起他的重视，他仍然按照自己现在的风格去和客户打交道，可是发现成功率非常低，到了月底的时候，看到自己惨不忍睹的业绩，才追悔莫及。他原本以为在大方向上把握好了，细节之处并不那么重要，直到现在他才明白了以小见大的道理。每一个微小的细节都可以反映出个人的品性和修养，怎么能说不重要呢?

生活细节往往在某种程度上反映着一个人的思想性格和为人处世的原则，它就如一张“名片”，是认识、了解一个人的重要途径。所以重视自己的生活细节，保持细节方面的好习惯，是让自己变得更加出色、更能得到别人认可的一大关键。在现实生活中，我们会经常看到“小刘”的影子，他们不是不懂得礼仪，只是在礼仪细节方面做得不到位，处理得很随意。然而在很多时候，细节往往是最为重要的。如果我们参加面试的时候走路“嘭嘭”作响，在他人休息的时候你弄出很大的声音，归还东西的时候不懂得说声“谢谢”，就会给别人留下不好的印象。

在日常生活里面，对于老师、领导等，我们会变得非常讲究礼貌。然而，礼仪不只是在于你如何对待师者、尊者，更是体现在你是如何对待普通人和你的下属的。看一个领导的教养如何，我们常常会看他是怎样对待比他地位低的人。例如，若你在走廊上遇到了公司的清洁工，你会不会主动地给他们让个路，跟他们说一声“谢谢”呢？真正的礼仪是，不管你遇到的是什么人，你都能去尊重他，这才是真正的礼仪。

我们生活在一个细节取胜的年代里，我们要想在任何方面有所进步、取得成效，在细节的处理上就必须做到精益求精。

小赵和小魏都是公司的优秀员工。在工作业绩上面，他们俩不分伯仲，在公司中的人缘也不相上下，但是在升职的时候，经理却将小赵升为部门主管，而小魏只能被淘汰。其实在开始的时候，经理也很难取舍。他们两个人在他眼里都是非常出色的、能干的员工，但是在半个月的考察中，他却发现同样是人不在宿舍，小魏的宿舍灯经常不关，而且屋子里面乱糟糟的，反观小赵的宿舍却是熄了灯，屋子里面也收拾得干干净净。所以，到最后他就提拔了小赵。

生活好比一张白纸，一个小小的墨点也许是无伤大雅的小事情，但却能将一张白纸玷污。

即使你原本做得很好的一件事情，可能就因为你的一个小小的细节没有把握好，导致你前功尽弃，得不偿失。生活中的细节有着举足轻重的作用，不要因为它小你就不去理会，要知道完善细节就是完善你的人生。从各个细小的方面就可以看出你这个人的礼仪修养，知道你是一个怎样的人，能否委以重任。

在生活中无处不存在礼仪的知识，只是我们不善于发现罢了。一个善意的微笑就能给别人留下美好的印象，让人觉得你是个非常有礼貌、有修养的人。

一诺千金，是有担当的气质

古人曰："言必信，行必果。"如果一个人动不动就拍着胸膛向人许下承诺，然后每次说出慷慨激昂的话语之后便没有下文，就更不用说实际的行动和结果了。时间久了，这样的人谁还会去相信他呢？

有的人说了一万句话人家也不会相信他，而有的人只是说了一句话，大家就相信了。这是为什么呢？因为前者是言而无信的人，而后者则是言必信行必果的人。假如一个人动不动就承诺，但却不兑现，当承诺的次数多了，他就会慢慢失去威信。轻诺寡信，那些太容易承诺的人，往往是很少讲信用的人。他既然不对自己的言行负责，又谈何对他人负责？他既然不知道承诺意味着什么，承诺对他又有什么意义？

没有诚信的人，他生活在这个世上就如同一粒飘浮的尘埃，随风飘荡、居无定所。唯有诚实守信的人，才能在社会上立足。诚信就好比一座灯塔，当我们迷路时，它能指引我们走出迷宫，重获新生。然而，现实社会中，太多人在追求权力和利益的时候，忘记了诚信是我们应有的道德。他们摒弃了诚信，开始把欺骗作为自己的人生信条，让自己迷失在物质欲望中，被它们所奴役。

春秋战国时，秦国偏安一隅，经常受到其他诸侯国的讨伐。在秦孝公继承王位之后，他为了改变秦国的现状，使秦国变得强大，所以重用商鞅。

商鞅在秦孝公的支持下，开始大刀阔斧地实行变法。但是由于当时秦国处在内忧外患、人心不齐的时期，他的变法政策受到了一定的阻碍。商鞅为了推动变法，使之能够尽快地实行下去，于是在都城南门立了一根三丈长的木头，并当着全城的老百姓许下诺言："你们谁要是能把这根木头搬到北门去，我就赏金（铜）十金。"围观的老百姓都不相信如此轻而易举的事情就能得到如此高的赏金，他们只是笑了笑，没有人上前去搬木头。过了几天，商鞅发现还是没有人前来，于是就把赏金提高到五十金。重赏之下必有勇夫，终于有人走上前将木头扛到了北门，商鞅立即赏了他五十金。商鞅这一举动在百姓心中树立起了威信，而商鞅接下来的变法很快就在秦国推广开了。新法使秦国渐渐强盛，最终统一了中国。

古人云："言必信，行必果。"这就是对承诺最好的诠释。承诺是对我们个人行为的约束，同时它也能见证我们对生活的态度。一个人对待承诺采取的是无所谓的态度，他在生活中是得不到别人的信任和尊重的；一个没有诚信的人，是很难在这个社会上立足的；

一个没有诚信的公司，同样是找不到合作伙伴的，缺乏诚信就没有人愿意跟你合作。所以，我们要想在这个社会上获得成功，就要先学会信守承诺，做一个诚实守信的人。

西周末期，周宣王死后，其子继承王位，即为后来的周幽王。周幽王即位后昏庸无道，他不思如何挽救周朝于危亡，奋发图强，反而重用奸臣，鱼肉天下百姓。

当时周幽王有个宠妃叫褒姒，长得天生丽质，但是性格冷淡。周幽王为了博得褒姒的一笑，于是下令将都城附近的烽火台都点起烽火。由于中原经常受到西戎的攻打，为了防御就有了烽火示警的措施，作为边关报警的信号，只有在外敌入侵需召诸侯来救援的时候才能点燃。结果诸侯们见到烽火，就立马带兵前来护驾，可是当他们来到都城的时候，并没有看到敌兵的身影，却听到了一阵阵奏乐和唱歌的声音，才知道这是君王为博宠妃一笑耍的花招。于是诸侯们愤怒地离开都城。褒姒看到平日威仪赫赫的诸侯们手足无措的样子，终于开心一笑。五年后，西夷犬戎大举攻周，幽王再次点燃烽火，这次诸侯谁也不愿被耍第二次了。结果，幽王被逼自刎，而褒姒也被敌人俘虏了。

骗人就等于骗自己！周幽王骗的是诸侯，葬送的却是自己的身家性命。一言既出，驷马难追。我们答应别人的事情，就要全力以赴地去完成，而不是给别人一张口头支票，毫无作为。不要轻易地许下承诺，答应给别人的东西，哪怕东西再昂贵，再怎么舍不得，我们都要送给别人。“千金散尽还复来”，东西没了，我们还可以去找下一个替代品，可是当别人对你的信任感失去的时候，你可能再也找不回来了。

在生活中，我们身边存在这样一群人，他们不是不讲诚信，只是因为当初他们在许下承诺时，过于高估自己的能力，或者是低估了事情的难度。所以在实践起来的时候，往往会有力不从心的感觉。

孔子弟子三千，贤者七十二。在孔子教育其麾下的弟子时，时常告诫他们要诚实守信。自己知道的事情就说知道，自己不知道的事情就说不知道。

在贤者七十二人中，曾子就是一个非常诚实守信的人。有一次，曾子的妻子要出门去买东西，他的儿子哭着闹着要跟自己的妈妈一起去。曾子的妻子没有办法，就哄自己的孩子说：“你乖乖地待在家里，我回来了就弄猪肉给你吃。”她买完东西回来后，看见自己的丈夫拿着菜刀准备去杀猪，她连忙上前去阻止。曾子说，你欺骗了孩子，孩子就会不信任你，将来也会去欺骗别人。说着，就把猪杀了。

孔子在《论语》中说道：“人而无信，不知其可也。”诚信是做人的基本要求，一个人只有真心诚意地待人处事，才能在社会上立足。我们无须说慷慨激昂的话，千万句的承诺都比不上一个实际的行动。人无信不立，对于我们来说，都应该讲究信用，在生活中做一个有担当气质的人。

放慢脚步，有一份恬淡的气质

电影《云上的故事》中有一个非常经典的情节：一群富人想从低处搬到山顶上去，于是就请来了搬迁工人，工人们走着走着就停下了，无论富人怎样催促，他们就是不走。过了很长一段时间后，他们又开始走了，到了山顶富人不解地问："你们刚才为何不走了？"工人回答："刚才走得太快了，把灵魂落在后面了。"

"最近工作压力太大了！"类似这样的话在我们耳边是经常可以听到的。随着社会的发展，激烈的竞争让大多数人成为与时间赛跑的人，很多人巴不得自己一天有 48 个小时，他们把自己吃饭、睡觉的时间都省下来放在工作上，成为工作狂，没有时间去享受生活，去欣赏路边的风景。

小涛出生在大山深处的一个小山村，家里非常穷。父母为了让他能走出穷山沟去外面的世界看看，他们起早摸黑，辛苦劳作，节省下来的每一分钱都用来给小涛交学费。所以，他从小就有让爸妈过上好日子的愿望。

小涛学习非常刻苦，后来终于不负众望，考上了大学并且有了一份稳定的工作。但是想起自己的父母为自己辛辛苦苦这么多年，自己还没能让他们过上好日子，他的心里就感到非常愧疚。于是小涛就拼命地工作，他开始疯狂地加班。为了能让自己的薪水有所提升，就去学习其他技能。他只要觉得自己的事情没做完，心里就会感到对自己的父母很愧疚，就会产生罪恶感。但是无论小涛做了多少事情，在他内心中的那种想法始终挥之不去，渐渐地，他对实际工作感到压力重重、精神透支且生活乏味。

小涛只有让自己忙碌的时候心里才会踏实，只要自己一闲下来便觉得罪恶惶恐，心中总是想着还有件事情没有完成，没有做好。所以当别人下班的时候，他还在办公室工作，而且他总是有很大的压力感，对他来说，最大的障碍就是让自己发呆。

公司要派骨干业务人员去外面考察实习，很幸运的是，小涛就是其中的一员。万万没想到的是，这次的出行从此改变了他的一生。

在实习的过程中，小涛起初还是跟在公司的状况一样，没完没了地去学习钻研新的知识理论。他的一切行为，负责培训的老师都看在眼里。在一天下课之后，老师把小涛叫到了自己办公室，没人知道他们俩在里面聊了什么，小涛出来时的表情和他刚进去时的表情没有发生变化，唯一不同的就是他的手上多了三个信封。

小涛回到自己住宿的地方，急不可待地撕开了第一个信封。信纸上写着："请你找一处安静没人的沙滩，静静地躺一个小时，坚持一天3次。三天后你再打开第二个信封。”小涛看见老师把事情弄得如此神神秘秘，于是抱着试一试的态度，来到了离自己不远的海边，躺在安静的沙滩上，开始的第一天他觉得自己内心焦躁不安，脑海中经常浮现出自己没有做完的事情。到了第二天、第三天的时候，他渐渐地把那些烦心的事情一点点释放出去后，他的内心才慢慢地安静下来，他开始体会到了海边美丽的风景，他享受到了自己从来没有过的惬意。

到了第四天时，他满怀信心地撕开第二个信封。信中写道：“请在沙滩上找五只虾或贝壳，将它们送回海里，坚持一个星期。”这一次他再也没有怀疑，照着信封上的话认真地做起来，每天他都起得很早，在寻找贝壳的过程中，他能看到每天初升的太阳。他用心地寻找着遗留在沙滩上的小虾米或者贝壳，然后很小心地将它们放到海水里面，每每看到那些重获新生的小动物，他的心总会被感动一次。

一个星期后，他悠然轻松地打开第三个信封。信中写着：“恭喜你，孩子，你打开了第三个信封。看来你已经放下心中的焦虑了，那么现在请你随便找一根树枝，在沙滩上写下你心中所有的愿望和产生的不满。”他飞快地找来树枝，在沙滩上写着自己的不满。可是，一件事情才写完不久，就被海水瞬间冲洗得一干二净，看到这幅场景，他的内心瞬间明亮了起来，他终于明白老师给自己的三个信封，就是让自己放下积压在内心当中的欲望，放松自己紧绷的神经，放慢自己人生的脚步。

回到公司以后，他的生活和往常没什么改变，可是那三封信带给他的冲击力依然持续着。

又到周末了，他又忙着给自己安排加班，这回小涛清楚他不能像以前那样，像个无头苍蝇般做事。于是，小涛放下手头上的工作，做了个深呼吸，然后带着轻松愉快的心情去工作。就这样日子一天天过去，他的工作状态也越来越好了，在年底的时候被公司升为部门主管，现在他把父母接到了自己工作的城市。如今，只要他心里紧张，他就告诉自己应该让自己放松一下，慢下来，效果会更好。

在网上曾有网友调侃我们的生活，其话为："生，容易；活，容易；生活，不容易！"简简单单的一句话就阐释了我们现如今的生活状况。我们生活在现代社会中，我们现在每天面对着的不仅仅是吃饱穿暖，还要面对着工作的竞争、财富收入的多少、房价的压力等。它们开始一步步地蚕食我们，让我们的生活变得越来越不容易。

有人说："我们努力地奋斗，就是为了让自己有更好的生活。"听到这样的话后，我们应该去反问一下自己："你过得幸福吗？"你在追求更好的生活的时候，你体验到了幸福吗？在社会中只有少部分人过的是富足的生活，而剩下的一大部分人，他们倾其一生都在为自己所谓的富足生活奋斗着。当你没能体会到幸福的时候，为什么就不能停下自己忙碌的脚步呢？用心去看看周围的风景，你才能体会到生活的乐趣。我们每个人都有自己的生活方式和生活圈子，我们不需要追随别人的脚步去生活。晋朝时的陶渊明，过着穷困潦倒的日子，但是他依旧能写出“采菊东篱下，悠然见南山”的诗句。我们要懂得放慢自己的脚步，让自己已经被欲望塞得满满当当的心变得空旷起来。

在小王的楼下有个水果摊，摊主是一位中年妇女，看着人很朴实、憨厚。

这位大姐每天都会出摊，早出晚收，不管是否刮风下雨，你都能看见她。时间一长，她就和小区的人混得很熟，她看到邻居时脸上总是带着笑容。为人也很诚实，大家在她那里买水果从来都不缺斤少两。因此，小区里的居民都喜欢去她的摊位买水果，几年下来，生意一直都很好。

那天正好是周末，小王要出门去会朋友，就在她的摊位前等朋友来。趁这个空当儿，小王和大姐聊了起来。小王问她：“大姐，你每天早出晚归的，你不觉得辛苦吗？你看你，每天都是笑嘻嘻的，水果卖得不错吧？”大姐回答说：“呵呵，在家反正也是没有事儿做，所以就出来了呗，孩子他爸在菜市场弄了个小摊位，我又帮不上什么忙。我出来还能帮助家里添点家用。再说了，二儿子也准备结婚了，刚大学毕业没多久，也没存下什么钱。所以，我就想多赚点钱，给他办婚事儿。不过儿子找的媳妇还真不赖，家务活都干得挺不错的。你说说，我干吗要待在家里呀，出来还能看到你们，和你们聊聊多好呀！这钱嘛，是赚不完的，我就图个开心呢。”聊了一会儿，小王的朋友就来了，小王临走之前还在大姐那儿买了点水果，原因是大姐的一番话让他感触挺深的，尤其是大姐身上那种淡定、从容的气质。

在曹禺的著作《雷雨》中，周朴园巧取豪夺，得到了一大笔财产，让自己过上了富足的生活。可妻子离心、儿子叛逆，他寂寞、孤独，只能从回忆里找点精神的慰藉。

人活在这个世界上，都有自己的事情要做，但是我们因为各自所看到的侧重点不一样，那么到最后所导致的结果也是截然不同的，然而这一切都不重要，重要的是在内心中你拥有什么。你拥有幸福，你就是幸福的；你拥有的是悲伤，那么你就是不幸的。人生就是这样。你的一举一动都会在你的数十载人生中留下不可磨灭的印记。当你走完你的一生时，你是否能够体会到幸福呢？

其实，想要幸福的人生非常简单，我们只需放慢自己的脚步，去采采路边的野花，享受沿途的风景，让被世俗欲望填满的心变得空荡。

强健的体魄，让你充满活力

在古希腊流传的民谣中曾提到人生有三好，第一好便是健康，第二好就是才干，第三好才是财富。健康对于我们每个人都有着非比寻常的意义。我们都知道，人上了年纪之后，身体就开始走下坡路了，身体的新陈代谢开始变得缓慢！男人开始出现“将军肚”，女人的腹部也开始堆积肥肉。“财富诚可贵，爱情价更高。若为生命故，两者皆可抛。”我们人的生命是宝贵的，人生就如白驹过隙，来也匆匆，去也匆匆。拥有健康的身体，是我们幸福生活的基础。而健康的身体又离不开运动。

邵逸夫是香港电视广播有限公司荣誉主席，是香港著名的电影制作人。他创办的电影公司拍了很多经典的电视剧，如大家耳熟能详的《上海滩》《射雕英雄传》等，他的电影公司也捧红了很多大牌明星。正因如此，他被视为香港娱乐圈中元老级的人物。邵逸夫在2014年1月离开人世，享年107岁。

邵逸夫1907年出生，祖籍浙江宁波市，父亲是上海锦泰昌颜料公司的老板，他在家中排行老六，所以后来被人称为“六叔”。他从19岁中学毕业后，跟着自己的兄长合伙开办电影制作公司，从此走上了电影制作的道路。

在邵逸夫的养生秘诀中写到只有坚持工作才会长寿。所以，他每天晚上都是睡7个小时，午休1个小时，其他时间都是在工作。直到去世的前夕，他还出席了两周一次的公司高层会议。在上班工作之外，邵逸夫保持每天都看电视和电影的习惯，在诸多的电视节目中，最爱看以搞笑闻名世界的《憨豆先生》，这也是他多年以来保持性格开朗的原因。

邵逸夫从中年的时候就开始注重自己的身体健康，起初，他采取的是用药材来保持自己身体健康的方法。先是把人参熬成汤用来进补，后来则换成了口含西洋参。慢慢地，他放弃了药补的理念，不再依靠人参，而是采用运动的方式来保养自己。

在邵逸夫的人生准则中有“三不做”——不赌钱、不喝酒、不做刺激的事情。他觉得这些事情都对身体不好。他每天除了走路之外，还经常阅读报纸，每年都会腾出一定的时间，带着家人一起出去旅游，放松自己的身心。当然在饮食方面，邵逸夫做得也非常好，含有高脂肪的食物基本都是不吃的，比如汉堡、薯片。他觉得合理的营养是良好代谢的基础，膳食中既要保持充足的蛋白质，又要补充必要的维生素和微量元素。烟酒除了应酬，基本上是不沾的，他认为吸烟不仅危害自己的身体，还让家人跟着自己受累。

邵逸夫一生做了很多公益活动，在他有生之年一共向内地捐助了47亿多港元，兴建了6000多个教育和医疗项目，在内地很多高校都建起了“逸夫楼”，为促进大陆教育的发展做出了很大贡献。他还创立了“邵逸夫奖”，其基金高达50亿港元。乐于助人，保持一颗感恩的心，也是他长寿的要诀之一吧。

虽然不能说“有了健康就有了一切”，但是，没了健康是真的没有一切。我们人生中最大的财富是拥有健康的身体，健康就好像是我们生命的源泉。如果没有了健康，那么我们的生命就会失去光彩，变得悲惨，没有健全的身体，你会对一切美好的事物失去兴趣，对生活本身失去信心。

我们拥有这么一笔丰厚的“财富”，却常常被人忽视掉，他们把所有的精力都放在追求财富、权力上面。健康只不过是他们的附属品，当自己失去的时候，才觉得异常珍贵。

一个经常埋头苦干的人，他的生活肯定是没有激情的，一个缺少激情的人，你还能指望他做成什么呢？

所谓的“工作达人”，他没有足够的时间去休息，没有多余的时间去做健康的运动，吃的都是毫无营养的垃圾食品，身体正一步步地被他们弄垮。“身体是革命的本钱”，连最低的本钱都没有，你拿什么和人家竞争，拿什么和人家比拼？人生苦短，每个人的生命也只有一次。如果我们连自己的身体都保护不好的话，我们还怎么去保护所爱的人。为了我们自己，也为了爱我们和我们所爱的人，我们要重视自己的身体健康。

丘吉尔作为“二战”时期杰出的代表人物，他经历了战乱年代，整整活了90岁。而他长寿的方法就是睡觉。

丘吉尔成为英国首相时，正处在第二次世界大战中，欧洲的局势非常不稳定，纳粹德国的疯狂进攻，让整个欧洲都陷入黑暗之中。为了使英国能够生存下来，他日理万机，每天睡眠时已筋疲力尽，躺下便睡着，从不失眠。他常对记者说：“我每天大约在半夜3点睡眠，上床时如释重负，睡得很香。”早上醒来之后，第一件事就是去阅读最新发行的报纸、军事电报等，吃完早饭之后就是接受记者的采访，再组织各个部门开会，分析军事战报，颁布新的命令。丘吉尔在介绍长寿经验时说："如果有地方坐着，我绝不站着，如果有可能躺着，我绝不坐着。"

到了中午，他还腾出1个小时时间，让自己的大脑得到休息，以便养精蓄锐，使晚上精力充沛。除此之外，丘吉尔还十分喜欢运动，常常在午睡前后和晚饭前后骑马、打棒球、画画、观赏动植物，有时还砌一会儿墙，做到动静结合、劳逸结合。

当生活的节奏越来越快，工作的紧张度也越来越强烈的时候，我们要学会调节自己，时刻注意自己的身心变化，才能保证我们生活的质量。我们除了每天工作之外，要根据自己所处环境的不同来调节身体状况，累了我们就闭眼休息，想睡觉的时候，我们就去睡觉。让自己的生活变得有规律，改掉杂乱无章的生活方式。

小何是某名牌师范大学的学生，毕业后来到当地一所高中教书。经过自己几年的奋斗，成为该高中的骨干教师。学校的领导看见小何成长得这么快，就把他分配到高三的年级组中。小何刚开始工作时干劲非常足，加上他本来就是一个非常上进的人，看见领导这么欣赏自己，更加卖力。可是没过多长时间，他觉得自己精神有点恍惚，上课的时候讲到一半就走神儿。学校组织学科会的时候，也经常表现得心不在焉。

同事看到他这样，以为他是生病了，都劝他赶紧去医院看看。当他来医院做全身检查的时候，身体的各项机能都达标，没有什么毛病。不过医生提醒他说："由于长时间的高强度工作，已经让你的身体处在亚健康状态，你要是再不好好调整的话，会出现问题的！"

像小何这样高强度工作的人其实不在少数。

我们每天都在讨论着什么是健康。心理学家们把健康定义为，"身体、心理和良好的适应能力这三者能够达到平衡状态"，这才是真正的健康。

但是处在繁华城市打拼的人，他们经常生活在亚健康的模式中。他们要面对工作、人际交往和社会竞争的压力等。亚健康看起来事虽小，但是"千里之堤，溃于蚁穴"，所以我们要及早给自己打好预防针。在我们工作之余，也要让自己的身心得到充分的休息。

第八章

内涵素质提升自己的气质

“勿以善小而不为。”在生活中处处存在点点滴滴的小事，它们都可以成就我们的善举，我们在帮助他人的时候，也在快乐自己。我们生活在这个世界上，衣食住行都离不开他人的帮助。小事虽小，但是它承载的善心却是伟大的。

及时充电，提升你的气质

职场就如战场，员工只有在工作中发挥出自己最大的能量，才能不被淘汰掉，才能获得比其他人更多的机会。现如今的社会是一个信息爆炸、知识更新飞快的年代。我们必须适应这个信息化的社会，在我们的日常工作中，虽然有很多人都在拼命地工作，但是取得的效果却微乎其微，不见显著成效。究其根源，就是他缺乏接受新的知识和信息的能力。现如今的环境下，我们以前所学习的知识并不能满足我们现在的工作需求。因此，我们要想走在别人的前面，就必须时刻充实自己的大脑，接受新的知识，要用学习各种技能来武装自己，真正做到“养兵千日，用兵一时”。

“知识改变命运”，知识就是力量，它是改变我们命运的推动力。知识在这个信息化的社会中有着巨大的优势。一个缺乏知识的人，能够成为一个成功的人吗？没有知识，他怎么去改变自己的命运。在我们生活的周围，我们总是能够听到别人说：“我就是没读过什么书，要不也就不会是现在这样。”因为没有接受好的教育，后来也不知道去学习，所以他们一生都只能扮演失败者的角色。

孔子说过，人非生而知之，而是学而知之。人在婴儿时，个人的先天性条件都是一样的。到后来之所以会出现不一样的情况，主要原因是在一个“勤”字上面，只有勤奋学习、坚持到底的人，才能真正成为有用之才。而那些“三天打鱼，两天晒网”的人只能成为庸才。

在德国科隆的一个小镇上，有个小书店，有一个小男孩经常到这个书店去看书。

甚至书店还没有开门，小男孩就早早地去书店的门口等候。这个小男孩叫海因里希·伯尔，是镇上的木匠伯尔的第八个孩子。平日里，小伯尔每天一放学，也是跑到书店看书。

有一次，小伯尔喜欢上了《格林童话》这本书。为了买到这本书，他通过帮爸爸干活，挣到了一些零花钱。经过努力攒够了钱后，小伯尔在书店买了新书，内心别提有多高兴了。一路蹦蹦跳跳地回到家。

回到家里，小伯尔小心地把书的封皮用牛皮纸包起来。“这本书是我的啦，我有了一本新书了。”晚上他把新书放在枕头底下，美美地睡着了。

长大以后，爱书的小伯尔成了一个写书的人，还最终成了诺贝尔文学奖的获得者。

我们生活在信息发达的社会中，假如你每天不学习、不充电，那么你很快就会被这个时代所抛弃。工作就如逆水行舟，不进则退。在这个知识改变命运的时代中，我们要培养学习的能力，以小伯尔那样的热情去阅读和学习。职场现在不仅仅是工作能力的竞争，更是学习能力的竞争。孔子曰："三人行，必有我师焉。"在这大千世界中，只要你愿意去学，机会多的是。一个不善于学习的人，他就永远失去了成功的机会。

懂得"留白"，气质不会窒息

留白，众所周知，就是在相应作品中留下空白之处。这种艺术手段在中国水墨画中是最为常见的。国画大师们在作画的时候，讲究的是布局和智慧，这和西方油画是截然不同的。如果在水墨画中画得太饱满，就会让这幅画失去灵性。而在构图中适当地留出一部分空白之处，给予观赏者一定的想象空间，会让这幅作品别有一种韵味。在《寒江独钓图》中，整个画面里只出现了一只小舟，一个渔翁在垂钓。虽然这幅画的画面上没有出现一丝的水，却让人感受到烟波浩渺，满幅皆水。正因为"此处无物胜有物"的意境，让《寒江独钓图》成为千古名画。其实，我们人生何尝不是和画画一样，需要留出空白给自己，需要留出空间让自己去思考。

我们身陷在物欲的洪流中，每天疲于奔命。但是在忙碌的时候，你有没有为自己想过，我们生活在这个世界上也就短短的几十年，不管我们怎样努力，欲望总是无尽的。在生活中与其说是我们满足了欲望，倒不如说是欲望奴役了我们。所以不管你的欲望如何膨胀，总要给它一个限度。生活是需要留白的，留点空余的时间给自己，其实就是在投资自己。一个善于用时间投资自己的人，才能从喧哗的世界中挣脱出来，才能看到最真实的自己，更有利于自己的成长。

我们要在适当的时候，让自己的心灵得到放空，让自己怀着一颗“不以物喜”的心，留点时间给自己独处，让名誉、权力、金钱、利益都从你的世界中消失。在这个世界上，你不需要活给别人看，你就是你，独一无二的你！学会留白，才会让你拥有更好的生活质量。

小刘和萧萧分别来自湖北和山西，他们都是从自己家乡来到北京工作的。萧萧就住在小刘的对面。后来他们相爱了，原因很简单，因为他们两个人都是北漂一族，在他们的世界中有着许多相同之处。

小刘第一次看到萧萧时，是萧萧刚刚搬进公寓。当他看到一袭布衣、清雅脱俗的萧萧时，就喜欢上了这个北方的姑娘。在抬头不见低头见的屋檐下，小刘的身影也渐渐地走进了萧萧的世界。于是，他们顺理成章地相爱了。似乎在爱情里面，女孩子的感情总是让人措手不及，虽然甜蜜，但是让人喘不过气。

萧萧把满满的爱都给了小刘，直到占据了小刘所有的空间，只要他离开她的视线，电话就会追踪而至。开始，小刘没有觉得什么，还觉得很甜蜜。可时间久了，他开始发现自己的个人空间没有了，他非常烦恼。

后来，每一次出门，他必做的一件事就是关掉手机，因为他怕了那一遍遍的解释。

再后来，他们的爱情也随着小刘的手机关机，慢慢地消失在北漂路上。

他们的爱情只维持了3个月。可见，太激烈的爱也是种负担，如果能在甜蜜的爱情中间加上一点点距离、一点点空间、一点点留白，也许他们的爱情能够走得更长远，不会像现在这样早早凋谢。有时候爱情也是需要一点点距离的，因为距离产生美。

人和人之间相处之所以会出现恨意，有时候是因为彼此之间过于紧密，没有留出适当的空间。就像故事中的萧萧一样，她不是不爱小刘，小刘也不是不喜欢她。只是他们之间没有留出个人的空间，在他们狭隘的世界中，看到的不是对方身上的优点，是缺点，是缺乏美感。在爱情中，我们不要把自己的生活方式强加在别人的身上。孔子说过："己所不欲，勿施于人。"我们每个人都有自己的生活圈子，你必须学会给他人留出空间。就好像手掌中的沙子一样，本来就握不住，那为什么不撒出去呢？当你撒完了，你才能重新握住另外一捧。

在《伊索寓言》中记载了一个关于欲望的故事。

从前有个财主，家里非常有钱，可是他并不满足自己已经拥有的！他天天琢磨着怎样才能赚更多的钱，他从工人那里听到养羊可以赚到更多钱，于是他就开始跟人学习养羊。

和往常一样，财主家的工人将小绵羊赶到后山上去吃草。由于工人偷懒，在山上睡着了，羊少了几只，他找了好久也没找着，只好回家。

晚上回到财主家后，财主大发雷霆，对他说：“你今天要是不把羊找回来，你就别想拿到今年的工钱，你给我滚蛋。”工人没有办法，只好拿着火把出去了。他找呀，找呀，突然被一堆金光闪闪的东西吸引住了，走近一看才知道是一座宝库。于是他急忙跑回财主家，财主看到工人回来了，以为他把自己的宝贝羊找回来了，可是在他身后什么都没有，财主就更不高兴了。他抡起棍子，准备打工人的时候，工人将自己看到的东西如实地告诉了财主，财主急切地问道：“宝库的位置在哪里？”

工人把藏有宝贝的宝库的大致位置告诉了他，财主立马命令自己的管家带着下人直奔工人说的那座山。他也担心工人骗他，便把工人带在自己身边。

很快他们就来到了那座山上，财主也看见了那座宝库，他非常高兴。他想：“这个山洞这么大，等我全部搬走之后，我就是天下最有钱的人了。”一边想着，他一边急忙将宝物装进自己的衣袋，不一会儿就装不进去了，没办法，他只好让自己手下进来帮忙一起搬。他看见那个工人在自己身边，就随便拿块金子把他打发走了。

就在工人走后，住在洞里的神仙发话了：“人啊，别让欲望负重太多，天亮的时候，山洞就会塌，到时候，你不仅得不到半两金子，连老命也会在这里丢掉，别太贪婪了。”

可是被金钱迷住的财主，哪里听得进去。他以为那神仙只是在唬他们。而且，财主也看了看这个山洞，石壁非常坚硬，不会说坍塌就坍塌的。于是财主不停地搬运，非要把金山搬空不可。不料，一阵轰隆隆的雷声响起后，山洞全被地下冒出的岩浆吞没，财主再也没有出去，他的梦想也没能如愿以偿。

我们每天面对着这个丰富多彩的世界时，欲望是多种多样的。中国有个成语叫作“欲壑难填”。我们每天努力追寻无忧无虑的生活，可殊不知我们离所追求的理想生活越来越远。其实，工作就是生活中的一部分，如果我们不能在生活中适度放松自己，到最后我们终将被生活折磨得狼狈不堪。

欲望是无穷无尽的，可是我们的人生却是有限度的。放下欲望，为自己的人生留出空白，你才能更踏实地走向成功。

兴趣盎然，是成功者的气质

工作不是我们生命的全部，除非你是一个天生的工作狂。要不然，在我们工作之余总是有时间的。可是现在很多人的业余生活显得非常乏味单调，一般人下班之后，回到家中就坐在电视机前，看一些无聊的肥皂剧，或者看一些毫无营养的综艺节目，来打发自己的闲暇时间。还有一些人，下班之后就待在电脑面前，毫无目的地浏览网页或是打打游戏来消磨时光。于是，大把大把的时间就这样溜走了，事后回想起来又时常后悔。好不容易碰到周末，懒得起床，不愿意出门，把大好的时间都浪费在睡觉上面。

在业余时间没有精神寄托的人生活是枯燥无聊的。有这样一句话："人的差别在于业余时间。"其中包含的意思是，学习是具有终身性质的，我们要合理地利用好空余时间，让自己多去接触不一样的知识。所以，我们应该在自己的业余时间中培养自己的兴趣，让自己的精神有寄托。就好比在周末的时候，参加体育锻炼不仅能够让你拥有强健的体魄，还能让你的身心得到释放，一个良好的兴趣会让你的生活变得多姿多彩。

比尔·盖茨出生于1955年10月28日，在他的家庭中还有两个姐姐，姐弟三人是在西雅图一块长大的，他们的父亲是当地一个有名的律师，而母亲则是华盛顿学校的董事。少年时代的比尔是一个极端个人主义的人，和自己的父母亲关系非常紧张。

13岁时，比尔·盖茨就读于西雅图最好的私立学校——湖滨中学，并且在那里发现了自己在软件方面的兴趣爱好。

18岁的比尔·盖茨以将近满分的成绩考入了哈佛大学，在哈佛的求学之路上，他认识了史蒂夫·鲍尔默，并且和他成了好朋友。在大学期间，他对软件开发依旧保持着很浓厚的兴趣，他为第一台微型计算机研发了 BASIC 编程语言的一个版本。

在大学三年级的时候，比尔·盖茨选择了辍学，他离开了哈佛，全身心地投入到自己创办的微软公司中。事实证明他当初的选择是对的，他创办的微软公司现在成了全球 IT 行业的霸主，而自己也成了全球首富。比尔·盖茨的成功虽然跟他的努力是分不开的，但是如果当初在中学时代他对软件开发不感兴趣的话，那么他现在可能只是一个帮别人打工的人。兴趣支撑着他创办自己的公司，也是最好的老师，是兴趣帮他迈出了成功的第一步。

有这么一句话："爱为学问之始。"意思是说，兴趣爱好是一个人学习的开始。所以说，兴趣是我们生活中不可缺少的一部分，我们做任何事情的动力都是来源于它，没有了兴趣，我们从事所有的工作都将很乏味。

就如微软的创始人比尔·盖茨一样，他把兴趣当作自己追求更好生活的出发点。幸运的是，在人生道路上他是成功的。兴趣就是成功的开始，而在我们失败的时候，它能够给我们提供坚持下去的动力，能为我们指明前进的方向。

蒸汽机的发明者瓦特出生在英国的格林诺克，因为家里很穷，没有钱供瓦特去上学，所以他只好出去工作，帮家里减轻一点负担。最开始的时候，瓦特来到一家钟表店当学徒，再后来就到了格拉斯哥大学去当仪器修理工，由于他对机械有着非常浓厚的兴趣，于是在他休息的时候，就经常去教室听教授讲课。瓦特是一个勤奋好学的人，每次在教授那里学习到的知识，他都会亲自动手去操作一下，以便让自己的理论知识和动手能力都达到最完美的状态。

1746年，一个偶然的机会，格拉斯哥大学收到一台要求修理的纽可门蒸汽机，那时候瓦特在修理仪器方面小有名气。于是，学校就把这个差事交给了瓦特。瓦特也不负众望，不到一天的时间就把它修好了。但是修好了之后，瓦特发现蒸汽机工作得很吃力，在工作的时候，就好像苟延残喘的人一样，运行得非常缓慢。

他开始琢磨起蒸汽机来，他发现纽可门蒸汽机工作之所以这么吃力，主要是因为蒸汽机的缸体运行是随着蒸汽的冷热在变化的，每次蒸汽热量很大的时候工作的效率就很高，当蒸汽变冷的时候，工作得就十分缓慢。他发现缸体大部分的热量都在加热中消失殆尽。他在想，能不能让缸体一直保持着冷的状态而缸体的活塞又能正常地工作呢?

过了一段时间，他自己花钱租了个酿酒的地窖，从收破烂的那里回收了几台报废的蒸汽机，他下定决心要创造出比纽可门蒸汽机还要好的机器来。

从此，瓦特每天都待在地窖中，捣鼓这些报废的蒸汽机。皇天不负苦心人，两年后他终于造出一台新机器，于是他非常高兴地把新机器搬到外面，让大家欣赏他的杰作。可是他点火一试，却发现自己的汽缸到处漏气，第一次展示自己的作品就失败了，他也受到很多人的嘲笑。“一个没有读过书的人，居然还想造机器。”但是这并没有打倒他，他依旧坚持着。瓦特想尽了很多办法，用毡子包，用油布裹，几个月过去了，还是治不了这个毛病。

一天，他又待在汽缸的面前，在观察汽缸漏气的原因时，他的右肩不小心被冲出的热气烫伤。他真有些灰心了，就在他想放弃的时候，是他的妻子鼓励了他，让他继续坚持下去。

包扎完伤口，瓦特又充满斗志地来到地下实验室，将以前的资料认真整理一遍，也许命运就是那么巧合，就在他累了的时候，想烧一壶水泡茶喝，他意外地发现烧水的茶壶上面的壶盖被水蒸气顶得一上一下。他又转眼看看桌上的杯子，突然大脑中灵光一闪：茶水要凉，倒在杯里，蒸汽要冷，何不也把它从汽缸里“倒”出来呢？就这样，瓦特将前面的汽缸做了修改，他重新设计了一个新的汽缸，在汽缸的旁边加了一个冷凝器，把将要散发掉的热气重新收集起来，这样大大提高了热效率，而且在用煤量上面也比原来少了许多。再后来，他来到学校，向布莱克教授请教了一些理论问题，教授又介绍他认识了发明镗床的威尔金技师，这位技师立即用镗炮筒的方法制造了汽缸和活塞，解决了那个最令人头疼的漏气问题。1784 年，瓦特的蒸汽机已经替代了纽可门蒸汽机。瓦特蒸汽机的出现，也正式拉开了英国第一次工业革命的序幕，让英国成为工业强国。

《论语》中说过：“知之者不如好之者，好之者不如乐之者。”一个把学习当作乐趣的人，他的学习能力就要远远高于前两者，就好像兴趣一样，它不能被培养出来，能被培养的东西那还是兴趣吗？所以，兴趣这种东西，我们只能用外界的事物去触发它，让我们从内心接纳它。

兴趣是最好的老师，它可以让我们全身都充满激情和活力。它能赋予我们神奇的力量。

莫里哀是法国著名的戏剧作家，他是法国芭蕾舞戏剧的创始人。但是他却出生在一个做室内设计的家庭中。莫里哀的父亲是当地远近闻名的室内陈设商。为人父母的都希望自己的孩子继承自己的事业，莫里哀的父亲也是其中一员，他同样希望莫里哀能够继承他的事业。

可是莫里哀从小就迷恋戏剧。在走向戏剧创作的道路上，他受到了自己父亲的阻拦，为了让莫里哀能够继承自己的事业，莫里哀的父亲骂过他，也老泪纵横地哀求过他，甚至连他的启蒙老师也劝他去接手家庭事业。

在面对重重阻挠时，莫里哀并没有轻易放弃自己对戏剧的兴趣。他很诚恳地跟父亲说，他没有兴趣在商界中打拼，他喜欢文学，他只对戏剧感兴趣。最终他克服了重重困难，成了一名伟大的戏剧作家。

一旦我们对某件事情充满了兴趣，我们就会有信心去做好这件事情。兴趣，有时候就好像是成功的助推器一样。莫里哀之所以能够成为受人爱戴的戏剧作家，是因为他对自己兴趣的坚持，能够克服前进路上的种种磨难。当拥有了自己真正的兴趣的时候，我们一定要坚持下去。

日本著名电器商松下幸之助曾说："全心全意地投入工作，要靠浓厚兴趣的支持。"是呀，当我们能把自己的工作变成自己喜欢的兴趣爱好时，我们就可以借助兴趣的吸引力来完成我们的工作，这样不仅能够让我们快速地完成工作，还能够愉悦我们的心情，这种一箭双雕的事情，是非常值得我们做的。

智慧，是气质的灵魂

不可否认，人人都有欲望，都想让自己过上幸福美满的日子，都希望家庭能够丰衣足食，这都是人之常情。在追求幸福美满的路上，有的人能够安稳地过完一生，而有的人却为此付出了惨重代价。当欲望超出一定的界限时我们还一味地追求那些可遇而不可求的事情，无疑是在给自己增添烦恼。

老子说过："物壮则老，谓之不道。不道早已。"是说，任何事物超出它原本承受的范围就会出现衰老的情况，把它称为不合于常道，不合于常道的就会很快走向灭亡。这是在告诫我们追求任何事物的时候都不能太过分，当我们的追求超出本身的承受能力时，会让我们的生活失去平衡。就如同成熟的水果一样，当它熟透了就会烂掉。无论多么美好的事情，没有把握好一个度的话，就会起反面的作用。因此，在面对任何事情时都要把握好度，要做到适可而止！

有一群喜欢旅游的年轻人，在海边看到了一家店面装修极具特色的酒店，他们带着好奇心走到了酒店前。在这家酒店门前，居然没有迎宾小姐。旅游的青年看到这幅情景，就萌生退意，刚准备走的时候，发现了门口的另一边贴着一张告示，告示上面写着："我们这家酒店一共有五层，没有电梯，需要你们一层一层地走上去。一旦觉得某一层的设施条件令你们满意，你们就可以住下来。为了方便顾客做出选择，我们在酒店每一层都立了一块告示牌，上面会清楚地写明这一层都有些什么，费用是多少！但是，你们要切记，你们只能向上走，不能回头选择。一旦回头，你将要付出最高标准双倍的房费。"

年轻人看清楚规则后，都非常感兴趣，兴致勃勃地走进了酒店。

他们毫不费劲地来到了第一层楼，在第一层楼的告示牌上，他们清楚地看到："这一层房间的床都很硬，被子都是破旧的，并且早上不提供早餐，这一层的房间是免费居住的。"看到这儿，那群年轻人毫不犹豫地离开了第一层，觉得这样的住宿环境不适合他们。

他们很快就来到第二层，告示牌上写着："第二层的房间要比第一层的好得多！床是非常柔软的，房间能够提供热水，但依旧不提供上门早餐的服务！在这一层住宿，你需要花费 50 美元。"第二层的住宿环境依旧没有留住他们前进的脚步。

他们行走到第三层楼，告示牌上面写的是："在这一层的房间中，早上起来的时候，你可以看到初升的太阳，并且在这一层我们将提供上门早餐的服务，唯一的缺点就是隔音的效果不好，会影响你晚上睡眠的质量。在这一层，你每晚需要支付 100 美元的费用。"

在第三层时，看到这样的居住环境，他们之间出现了分歧。有的想住在第三层，还有的想去上面的楼层再看看。到后来他们采取了投票的办法，少数服从多数。就这样，他们走向了第四层。

到了第四层时，这一层的告示牌上面写道："这一层的房间，采光效果非常好，房间环境舒适，所有的日常用品都是新的，并且每个房间都是拥有不同主题的套房。当你们入住之后，我们会安排按摩师帮你们按摩。晚上还有消夜，附带特色水果。入住一晚，你只需支付 150 美元。"

这一次，所有人都非常有兴趣留在第四层，但是他们又想，上面还有一层没有去看，条件一定更好。指不定在第五层还能发生艳遇呢！就这样，他们再次放弃了第四层。

历经种种诱惑，他们终于走到了第五层。然而，他们都傻了，在第五层中，什么也没有。就连最基本的灯都是坏的，他们用手机电筒照着告示牌。告示牌上面写着："很抱歉，这一层是没有房间的，其他的服务更不用提了，你们只能在黑灯瞎火的世界中，将就着度过美好的夜晚。顺便说下，在这一层你需要支付 200 美元。"

那群年轻人非常懊恼，后悔自己没有选择第四层。

其实，在生活中，我们也是一样，总是想着后面的东西都是好的，是值得我们去追逐的。就好像现在的某些人，为了追求自己的个人财富，不惜冒着触犯法律的危险敛财。到最后东窗事发，让自己身败名裂。这是何必呢？每个人都喜欢权力和财富，但是用犯罪的方式去获取的话，那是没有必要的！古语说得好，君子爱财，取之有道。

在人生的十字路口，我们有着许多选择机会。就像故事中的五层酒店一样，上面的一层总比下面的一层要好。我们每上一层，每走一步都比以前获得更多。但是，当我们奋力向前追赶，想获取更好的东西时，我们都忘记了适可而止。以至于到最后，自己变得一无所有！

懂得适可而止是种人生大智慧，它能让我们在现实世界中生活得不是那么累。

很久以前，有个地主家里很有钱。但是因为没有文化，经常受到其他人的嘲笑。

在一次去田里视察工人的劳动情况的时候，他远远地就听到工人在说他大字不识一个！他听到后非常生气，于是立马跑回家，让自己的管家把当地最好的教书先生请来，让他帮自己写一幅字。

教书先生很快就来到了地主的家中，用行云流水般的速度写完一幅字，然后拿着自己的赏钱离开了地主家。地主很满意地看着这一幅字，就想把它挂在自己的客厅中。于是，他让他的妻子过来帮忙。

字已经在墙上扶好了，正准备钉上钉子的时候，他突然说："这样钉的话不好看，糟蹋了这一幅字了。最好是找来一块木头，把字挂在墙上。"他的妻子跟他理论了一番，到最后胳膊拗不过大腿，只好遵循他的意见，让他出去找木头。不一会儿，木头就拿来了。就在妻子准备将木头钉到墙上的时候，他又急忙喊道："亲爱的，你先等一下，我觉得这个木头有点大，就这么钉上去显得很突兀，我先把它锯短点。"于是，他便在家中翻箱倒柜地寻找锯子，找来锯子还没锯两下，又说："锯子不锋利，需要用磨刀石磨一下才好用。"于是，他就去找磨刀石，但是发现磨刀石在用的过程中老是动。于是乎，他又去找来一把生锈的斧头，赶到屋后面的小树林中，砍几根比较粗的树枝来固定磨刀石。但是，他发现生锈了的斧头砍树非常吃力。就在休息的时候，他突然想到村中有一个做家具的木匠，他想木匠家中肯定有自己需要的东西！就连忙去木匠家中借工具。然而，这一走，就再也没见他回来。

当然了，那幅字他依旧没有裱起来。还是他的妻子把它钉在了墙上。他的妻子去街上寻找她的丈夫时，发现他正在帮木匠从五金商店里往外抬一台笨重的电锯。

有一句很经典的话：上帝给了每个人一杯水，于是，你向里面注入了生活的各种滋味。

从某种角度上来说，其实我们的生活就是一杯水，虽然杯子的好看程度决定一个人的贫穷和富贵，但是其功能都一样：用来装水的。它是没有高低贵贱之分的。人从一出生开始，就如一杯清澈无比的水。无色无味，有的人喝起来很不习惯，于是为了让这杯水变得好喝，他们向水杯中添加糖、盐等各种各样的调料，却遗忘了杯子的容量。我们向杯子里面添加的东西过多的话，那么水就会溢出来，但那时候就得不偿失了。所以，我们要学会适可而止。

我们向杯中添加的调料就像是生活中我们所追求的金钱、地位、名声、享受等。我们当中很多人为了得到这些东西，放弃了原本属于自己的东西。为了自己的利益放弃了自己的原则，为了追求更好的生活而放弃了与家人相聚的时间。在我们得到的同时，也在失去一些更加宝贵的东西。所以，我们大可不必去羡慕那些生活富有的人，因为他们在追求物质的同时失去了和家人朋友相聚的日子。虽然我们的生活很平淡，但是我们却拥有更多的时间和家人在一起享受天伦之乐。

生命就如杯中之水，如果我们向其中加入过多的调料的话，杯中的水会溢出来，可是如果向其中添加的调料分量不足，那么品尝起来又是毫无味道的。因此，要想生命之水变得可口，我们就要学会适可而止，只有这样我们的人生才会变得精彩。

随遇而安，一种智者的气质

在物欲充斥的社会中，很多人常把“随遇而安”理解成满足现状，不思进取，片面地认为这是一种非常没有出息的表现。但是，随着个人年龄的增长，就会发现自己对“随遇而安”的理解存在误区。随遇而安，其实是在告诫我们在任何环境中都应该做到悠然自得，乐天知命，对物质欲望没有过多的要求，让自己的内心做到事事满足。随遇而安，是一种人生大智慧，而这种智慧与消极的态度无关。

一位哲人在他的传记中说过：“曾经因为生活的挫折、命运的不公平让自己的内心苦不堪言，在经历过痛苦折磨之后，终于登上了幸福的彼岸。才明白之所以过得苦不堪言，是因为没能学会随遇而安。”

在生活中，凡事都是讲究一个“随”字的。它不是不思进取，而是跟随着事态的发展变化而变化的，顺势而为。因此，随遇而安就是一种生活态度，能够让我们在任何环境下都良好地适应，不管遭遇多大的坎坷，都会坦然处之，不急不躁。

很久以前，在一个寺庙之中住着两个和尚。寺庙里的草地一片枯黄，于是老和尚就拿出了一些草种，让小和尚将种子撒在寺院中。小和尚问道：“什么时候可以播种呢？”老和尚微笑着说：“随时都可以。”于是，小和尚就拿着种子飞快地跑到院子中去，在奔跑的过程中却被一块大石头绊倒，摔了一跤。手里的种子撒得满地都是，当小和尚准备用扫帚将种子扫起来时，老和尚看见了就说：“一切就随缘吧，不要刻意去强求。”就这样，散落在寺院中的种子经过冬去春来的轮回，小和尚意外地发现，院中长满了绿油油的小草，他高兴地告诉老和尚。老和尚却只是点了点头，说了一句："随喜。"

随时、随缘、随喜就如同我们人生的缩影，却很少有人能够领悟随遇而安的真谛。在这个社会上有着太多的诱惑，还没入世时，我们的脑海就被世俗的欲望所充满，"功名利禄""功成名就"，只因为我们是俗人。生活在这样的环境下，我们都会被环境同化。天亮时，我们在为自己的命运和前途奔波；在看到其他人成功时，我们又在为自己坎坷的命运叹息抱怨着。于是，我们就在劳苦奔波和叹息抱怨中过着每一天。我们每天都在苦苦坚持着自己心中那份自以为是的"功成名就"梦想。可是在这个世界上有太多的东西，都是可遇而不可求的。我们在追逐梦想的道路上，总是希望自己能有个结果，可是事实有时候就是那么残酷，常常不能如我们所愿。为了结果，我们便马不停蹄地继续追逐，但是得到的却是更多的焦虑和不安！

《随遇而安》一书中，有节目主持人孟非对过往40年岁月的动情回顾，他童年的时候在重庆，少年的时候流转到南京，毕业后从事过摄像、记者、编导、制片人以及主持人等工作。在这坎坷的经历中，孟非只用了"随遇而安"诠释了自己所经历的一切。他告诉我们应该顺从本心，才能坦然地面对每一次的改变。随遇而安，不是让你失去对生活的信心，而是让你潜伏在游戏"规则"之中，寻找一个成功的机会。

刘禹锡出生在唐朝中后期，在21岁的时候和柳宗元同时考取进士，在23岁的时候任职太子校书，开始了他的政治生涯。在他31岁时，也就是贞元二十一年，由于革新失败，刘禹锡初贬为连州刺史。刚到江陵的时候，又被当朝皇帝贬谪到朗州做司马，在元和九年，刘禹锡与当时一起流放的柳宗元等人奉召回京。然而次年3月的时候，又因为“莫须有”的罪名，被外放为连州刺史，后来又担任过夔州刺史、和州刺史。

在当初贬谪和州的时候，他担任的是当地的一个小小的通判。按照当时规定，通判应在县衙里住三间公房，由于和州知县看到刘禹锡是被流放的京官，就故意刁难他，安排了一套环境最差的房子给他。刘禹锡不但毫无怨言，反而很高兴，并且写了一副“面对大江观白帆，身在和州思争辩”的对联贴在门上。知县知道后非常生气，于是就将刘禹锡的住处从南门迁移到北门，并且将住房面积缩减了一半。由于自己的新居是在德胜河边，附近垂柳依依，环境上大致还不错。刘禹锡仍不计较，并见景生情，又在门上写了两句话：“垂柳青青江水边，人在历阳心在京。”

看到刘禹锡仍然悠闲自乐，恼羞成怒的县官再次将他驱赶到县城的中部，而且只给一间只能容下一床、一桌、一椅的小屋。短短半年的时间，刘禹锡就搬了三次家，住房面积一次比一次小。面对这位势利的官员，刘禹锡提笔写下了情趣高雅的《陋室铭》。

当你陷入一种不好的境遇，又无力改变现状的时候；当你的生活突然遭遇失败，需要你从头来过的时候；当你需要摆脱困境，却不知道下一步该往哪走的时候，我们不妨选择随遇而安。

随遇而安不是让你臣服在厄运的脚下，也不是让你屈服于生活的磨难。随遇而安是一种人生态度，是一种适应能力。它需要我们有足够的勇气和强大的内心去接受未知的挑战。随遇而安更是一种境界，一个懂得随遇而安的人会更加明白自己追求的是什么。因为他们明白，人生活在这个世界上生命只有一次，与其让自己生活在失意中，不如好好地享受当下的生活，在随意而安的生活中找到属于自己的乐趣。就如一贬再贬的刘禹锡一样，不管遇到什么样的住所，都能怡然自乐。

每个人都有权利享受生活。虽然现代社会给予每一个人“享受自由，享受生活”的条件和环境，但是许多人依旧是不停地为生活奔波劳累，他们活得就像一台永不停息的生产机器，他们从来都不会有“享受生活”的奢求。在这个忙碌的社会之中，他们都希望自己在年轻的时候多赚一点钱，好让自己在年老时能够好好地享受一番，生活更有保障。于是，为了自己的梦想他们开始不停地奔跑，把自己最美好的年华浪费在奔跑之中。等到自己年老的时候，才发现自己已经没有能力去享受生活了。

小王是一个事业有成的人，他一直都想去国外旅游。但是由于公司的事务繁忙，再加上他还想多赚一点钱，为自己以后的人生多积攒一点财富，因此一直都没有去。

后来，一次突如其来的疾病让他改变了自己繁忙的工作状态。在一次体检过程中，医生告诉他："由于长时间的加班工作，导致心律严重失衡，要是再不好好调养的话，会出现心脏早衰的问题。"听到医生的话，小王立马就向公司提交了辞呈，从忙碌的生活中脱离出来，变得清闲下来。他重拾了自己年轻时的梦想，于是带上自己的妻子一起去了欧洲，在旅途中他享受到了不一样的情怀。

旅游回来之后，小王整个人都变了。他拒绝了自己原东家的回聘，凭借自己工作多年的经验和妻子一起合开了一家室内设计工作室。他让自己的妻子去管理工作室，而自己只是做个设计师，因为设计师的工作空余时间相对充足，他每天都有心情欣赏城市的夜景。

在重新规划生活时，小王说道："以前自己想努力赚钱，让自己以后的生活变得好一些，这个想法是应该的。但是出去旅游过才知道，自己以前的想法是多么的愚蠢，年轻的时候不去好好地享受生活，等到自己年老时，带着一身的病痛，哪还有心情去享受？真正到了那个时候，也就只剩下抱怨了。而且，他明白了其实生活就应该简单点，想去做什么的时候就去做什么。别让工作成为自己生活的全部，在工作之外自己还拥有着家庭和朋友。"

青春和身体健康状态会随着时间而慢慢流逝，它们是无法保质的。趁我们还能走得动路、扛得起东西的时候，好好地去享受生活，不要被外在的因素所牵绊。生活的意义不在于你有多大的权力，你有多少的财富，而是在于你的内心是否有着“享受当下，乐在其中”的心境。我们能否在经历过狂风暴雨之后，还享受着生活的风平浪静？学会享受生活，才能懂得用一颗平和的心去面对世界，才能坦然地接受生活给予我们的贫穷和富贵、美丽与丑陋。

学会独处，空谷幽兰般的气质

喜欢独处的人，常常会被人视为性格孤僻、内向，其实不然，独处它本身就是一种美。它和寂寞还是有着本质上的区别的。在享受独处的时候，它并不是意味着一个人单独待着，什么事情都不做，而是让你抛开烦琐之事，让你的心灵享受安宁，远离城市的喧嚣，重获自由。

阵阵凉风吹皱了平静的海面，白天拥挤的人潮已然离去。海浪一次次地冲刷着沙滩上的脚印。

拥挤的人潮终究散尽，原本喧嚣的沙滩也逐渐安静了下来。沙滩上只剩下一个小男孩独自在忙碌着。他沉浸在自己的世界中。也许沙子才是他的整个世界。他单腿跪在地上，用手一捧一捧地将沙子装进一个漂亮的小水桶里，然后将一桶桶的沙子堆积在一起。他脸上洋溢着满足的笑容，终于没有人打扰到他建造“城堡”了。

他垒起了一座坚实的城墙，在城墙上面放着几根木棍，这就是他心中英勇的士兵，他还在城墙的前面挖了一条宽阔的护城河，再加上几根粗细一致的木棍代表桥梁。男孩将心中的城堡呈现了出来，虽然很平凡，但却是他心中最雄伟的城堡。他看着自己的作品，满足地笑了。

在一座繁华的城市中，在办公楼中掺杂着行色匆匆的脚步声、电话铃声以及敲击键盘的声音。

在他办公桌上，文件堆积得就如同一座大山。他一边审阅着报表，一边娴熟地用脸颊和肩膀夹着电话，还不时地扫一眼电脑屏幕上不断变化着的曲线。他的心里充满了数字，充满了曲线，也充满了利润。他也要建造一座城堡。

他的一生是极其忙碌的。他的所有经历都集中在建造一座通向成功的桥梁，在建设过程中获得的财富、名誉，这就是他英勇的士兵。他每天都在努力着，觉得自己心中最完美的、最牢固的桥梁就在自己的眼前。

男孩和他，他们都是天才建筑师。只因为他们心中都有梦想，因为对梦想的追求，他们才能心无旁骛，才能聚沙成塔，从而走向成功。

然而，他们之间却存在天壤之别，在面对自己建设的城堡的时候，小男孩知道当海浪来袭的时候，它将化为乌有，不复存在。可是他却没能看透心中城堡的脆弱和虚幻，就算明白了，他也不愿意去相信，也不甘心去接受。他始终相信，会有那么一天自己是可以成功的。

在现代社会的激烈竞争中，工作和生活的压力把人折磨得身心疲惫，没有时间让自己独自待着。每天拖着疲惫的身体行走在路上，不清楚自己需要什么，该做什么！生活在这纷扰喧嚣的城市中，我们更要留出时间让自己去独处。独处有助于减轻快节奏生活所带给你的压力，让你压抑的情绪得到释放。

我们的大脑就像一个容器，是具有一定容量的。当里面所装的东西饱和的话，我们就很难再接受其他新的事物。就像水壶中的水一样，当你长时间不去更换，就会让壶中的水变质。当你接触的东西多了，又没能适当地去释放的话，时间久了就会让你心烦意乱。在每逢春节的时候，人们有着大扫除的习惯。其寓意就是扫走不干净、不要的东西。我们大脑何尝不需要一次扫除呢？我们要将心中杂乱无章的、有损身心健康的事物都清除干净，让自己以一种新的面貌去生活。

因此，我们就要学会独处，我们可以每天抽出一个小时或者两个小时的时间，找一个安安静静的地方，让自己放松，听听舒缓的音乐或者看一本书。在这个过程中，让自己遗忘生活所带来的烦恼。

某公司的业务骨干小智最近报名参加了公司举办的情商成长课，在培训课堂上，培训的老师让大家做个游戏，他让每个人在教室中找一个单独的位置坐下来。要求是不能说话，也不能离开教室，时间限定在十分钟。

做事一向风风火火的小智立马跑到一个角落坐了下来。刚坐下来没一分钟的时候，小智就开始四处张望，看看坐在自己附近的人都在干些什么，到了三分钟的时候，他开始按捺不住自己的心情，经常摆弄自己的手，还频频把自己的手机拿出来看。到了第五分钟时，他突然想到自己还有一个方案要跟客户商讨一下，就开始变得不安起来。八分钟过去了，他就想离开教室，于是就暗示培训老师，希望他能够放自己出去或者结束这个游戏。当时间一到，小智发现自己和周围的同事瞬间从焦躁不安的情绪中变得愉快起来，随后教室中又恢复最初的模样，吵吵闹闹的。

负责培训的老师这时走到教室的中央，问："请你们计算一下，在刚才的游戏环节中，你们一心跟自己相处的时间有多长？"

小智回想了一下，从一开始自己想的都是别人，没有留出来时间跟自己相处，这时他恍然大悟，自己能够在客户和朋友之间相处得游刃有余，可是跟自己相处的时候却如此的艰难。

其实，在小智的生活圈子中，不止他一个人是这样的。

性格热情的小汪在朋友的心目中，扮演的是一个"开心果"的角色，她善于调节会场的气氛，而且能够细心招呼到在场的每一个人。只要有集体活动，不管是唱歌、健身、聚餐，还是打牌、旅游等，她永远都是最积极参与的人。然而，她之所以积极参加集体活动的原因是害怕一个人。每次当她独自一个人在家的时候，她的心里就会感到莫名的空虚和焦虑，她觉得自己被这个世界抛弃了。为了缓解内心的焦虑不安，她开始疯狂地吃零食，然后又拼命地减肥，来回不停地折腾自己。因为害怕单独一个人，她的心情时常处在紧绷的状态，也无法好好地学习，在一次升职考试中考得非常糟糕，升职也就和她无缘了。

小智的另外一个朋友小美跟和自己相处三年的男朋友分手之后，一个文静的女孩突然就变成了活动达人，频繁地出现在各种聚会派对之中，大家对她的转变感到非常吃惊。但是每次聚会过后，回到家中她却有种强烈的落寞感。在平常的生活中由于缺少男友的陪伴，她不喜欢一个人吃饭、逛街、看电影。为了摆脱落寞感，她选择了跟朋友们在一起打发时间，不管是自己认识的还是不认识的，她都积极响应。因为害怕独处，让她失去了生活的信心，让她看不见方向，迷失在人生的路途中。

在生活中，我们把人际交往看得很重要，却在无形中将独处给遗忘掉了。不善于交往的人虽然很可悲，但是耐不住孤独寂寞，何尝不是雪上加霜呢？

在生活中由于缺乏独处的能力，人们开始变得越来越贫穷。我们没有足够的时间给自己更换心情，当我们的情绪得不到释放时，我们也就拿不出快乐分享给别人。我们处在茫茫的人海之中，在喧嚣的城市里我们听不到自己内心的声音。只有远离喧嚣的城市，远离繁杂的生活，我们才能够重新认识自己。当我们回归到原点的时候，我们才可以看到被我们忽略掉的风景。

我们要学会放弃。放弃那些拖累身心的事物，这种东西就好像一筐苹果中的烂苹果，如果你不把它丢掉，那么到时候一筐苹果都会跟着一起烂掉。所以，我们行走在人生的道路上，要时刻记得清除烂苹果。只有这样，我们才能在人生的道路上走得轻松。

独处并不是指孤独。独处是人生中最美好的时刻，虽然有些寂寞，但是在寂寞之中却包含着另一种充实。我们要每天安排一点时间给自己，让自己独自享受宁静的世界。

赠人玫瑰，手有余香

“赠人玫瑰，手有余香”，即方便了别人的同时也会给自己带来方便，成就别人的同时也提升了自己。我们善待生活就是在善待生命，我们善待别人同时也是在善待我们自己。

善良是生活中最美好的事物，它没有高低贵贱之分。善良在我们的生活中无处不在，只是容易被我们忽视。古人说过：“善有善报，恶有恶报。”我们以一颗善良的心去面对他人的话，得到的一定也是善报。

有一个贫穷的小男孩，为了能攒够上学的学费，每天都挨家挨户地推销自己的商品。有一次，他挨家挨户推销了一整天的商品，感到非常饥饿，但是自己的商品没有卖出去，身上一分钱都没有。

为了解决自己的吃饭问题，于是他决定向下一家乞讨口饭吃。要是需要钱的话，就把自己的商品抵押给他。于是，他按响了一户人家的门铃，当一位长得十分漂亮的女孩打开大门的时候，这个小男孩有点不知所措了，他被这个美丽的女孩吸引住了。慌乱之中，他只请求给他一口水喝。也许是这个女孩看出了小男孩的饥饿，于是就拿了一大块面包外加一杯牛奶给他。男孩狼吞虎咽地吃完面包，问道："我需要支付你多少钱？"女孩回答说："你不用支付一分钱。妈妈从小就教导过我们，要时常帮助他人，要对别人施以爱心，不图回报。"小男孩说："真是非常感谢你。以后等我有钱了，我再还给你。"说完之后，男孩就离开了这户人家。

此时，他不仅感到自己浑身是劲儿，而且还看到老天仿佛正朝他点头微笑。

其实，男孩原本打算过了今天就退学的，但是因为女孩帮助了他，所以男孩就放弃了退学的念头。

十多年之后，乐于助人的女孩得了一种罕见的病，当地的医院由于条件有限，无法医治好这位姑娘。家人只好将她转入大城市的医院医治，由专家进行会诊治疗。而幸运的是，当初她帮助过的那个小孩恰巧也在其中。

小男孩在多年的岁月中经过自己的奋斗，已经成为一位非常有名气的医生。当他看到病历上病人的住址的时候，他大脑中闪过一个画面，他立马奔向病房，认出了躺在病床上的病人就是以前曾经帮助过自己的恩人。他走回自己的办公室，并下定决心医治好他的恩人。从那天起，他嘱咐护士长要好好地照顾这位病人。

他为了寻找病情的根源，没日没夜地待在医院查阅大量的资料。经过多方面的艰辛努力，手术终于成功了，那位女孩重获了新生。在做完手术之后，医生用自己的积蓄支付了女孩的医药费，并且在通知单上，写下了一行字。

当医院将通知单送到女孩的手中时，女孩的手颤抖着不敢打开看，因为她明白家人为了自己已经负债累累。她翻开了医药费通知单，看完之后，却流下了幸福的眼泪，原来医生在通知单上写着：医药费——一块面包和一杯牛奶。

"勿以善小而不为。"在生活中处处存在点点滴滴的小事，它们都可以成就我们的善举，我们在帮助他人的时候，也让自己获得了快乐。我们生活在这个世界上，衣食住行都离不开他人的帮助。小事虽小，但是它承载的善心却是伟大的。

善心只在一念之间，而善心结出来的果实所散发出的芬芳，却能够让人流连忘返。善念就如同播种一样，你在春天播下一粒种子，到了秋天你就会品尝到甜美的果实。

那是商业街入口的第一家花店，小薇是店主从老家聘请的店员。花店上午10点开门，晚上10点关门。每天12个小时，每次从店旁走过时，人们总能看到小薇忙碌的身影。

情人节到了，花店的生意非常的火爆。还没到晚上，一屋子的娇滴滴的玫瑰花都销售殆尽，只剩下角落里最后一束玫瑰花。那是小薇男朋友送给她的，因为今天花店生意非常的好，小薇还没好好地享受那束花带给她的温馨和感动。店里的顾客慢慢少了，小薇开始打扫花店的卫生，她想早一点下班，因为自己的男朋友还在家中等她回家吃饭。就在她收拾好花店准备打烊时，一个中年男子进来了。他一眼就看到了角落里的玫瑰花，于是手指着玫瑰花对她说："帮我打包这个，我要买这束花！"

小薇放下手中的扫帚，不好意思地对中年男人说："先生，这束花我不能卖，因为这是我男朋友送给我的。""请你卖给我好吗？我可以加钱给你。"中年男子恳求地说道。

小薇还是一口回绝了中年男子，看着他落寞的眼神，小薇于心不忍，就向他推荐了其他几种好看的花。可是中年男子对她给的建议都一一否决了，因为他只想要玫瑰花。

看着他立场如此坚定，小薇忍不住自己的好奇心，问："你为什么非要买玫瑰花呢？其他的花一样可以送人的！"

那人深深地叹了一口气，找了一张凳子坐下来之后，就开始诉说他的故事。

他叫小刘，是个农村的孩子。迫于生计，他不得不来到大城市谋生，在这座城市里他没有亲戚朋友，没有人能够帮助他！因为他没有读过太多书，便到一家酒店的厨房中打杂。在酒店他认识了一个女孩，再后来他们结为夫妻了。在后来的日子中，为了让妻子过上好日子，他开始跟厨师学厨艺。

出师之后，他就找人借钱自己开了一家餐馆，由于前期经营不当，餐馆一直处于亏本状态，他一度想关闭餐馆。但是他的妻子却一直在鼓励他，希望他能够继续坚持下去。为了让他重拾信心，他的妻子回到自己的娘家，挨家挨户地去借钱，好让他的餐馆能够正常运营。他为了不辜负妻子的好意，勤奋学习经营之道。后来餐馆的生意越来越好，餐馆的名气也一传十,十传百。因为干净实惠，很多人都慕名前来。

他慢慢开起了分店，分店越来越多，生意也越做越大。逐渐地应酬慢慢多了起来，他开始频繁地出入各种饭局，每天都是醉醺醺地回家。他的妻子任劳任怨，没有说过任何一句抱怨的话。那个时候由于长时间地工作，他冷落了自己的妻子，晚上和她一起吃饭的时间也少了。就连当初孩子出生的时候，他作为丈夫都没能出现在妻子的身边。

就在他醒悟想要好好地补偿自己的妻子的时候，一个噩耗让他陷入绝望之中。在结婚十周年的那天，妻子为了给他一个惊喜，去买菜给他做饭吃。可是一场突如其来的车祸，让他的妻子失去了双腿。她的后半生只能坐在轮椅上度过。虽然每天妻子都是笑眯眯地送他出门，但是他只要一想到妻子只能坐在轮椅上生活，就觉得非常内疚。他觉得自己对不起她，要不是那天自己忙着开会，妻子也不会发生这样的悲剧。

而今天正好是情人节，以前因为没钱都没有好好送一束花给她。后来等自己有钱了，却忙于生意应酬，也没有好好地陪她过一次情人节。可是等自己醒悟了，却发现她已经失去了走路的机会，所以他想弥补自己的过错，想送一束玫瑰花给妻子。他去了很多家店铺，但都卖完了。

听了中年人的故事，小薇非常感动，于是毫不犹豫地把自己的鲜花送给了他。

中年人小刘显得非常激动，一个劲儿地说：“谢谢！”

回到家中，小薇将自己今天所经历的事情告诉了自己的男朋友。小薇的男朋友只是笑了笑，没有责怪小薇。

当我们赠送他人玫瑰的时候，我们的手上也一定会残留着玫瑰的芳香。我们在为他人照亮前行的路时，其实也照亮了我们自己前行的道路。从一件好事就可以看出一个纯洁的心灵，就让我们携同爱一起行走在漫长的人生路上吧！

赠人玫瑰，手有余香，当世界充满爱时，我们每一个人也都会得到分享的幸福。而当你成为一个充满爱心、乐于助人的人时，你会拥有一个充盈的内在世界，而且身上也有了一种不凡的气质！

图书在版编目（CIP）数据

心理学与气质修炼 / 赵舜著 . —3 版 . —北京：中国法制出版社，2022. 4

（心理学与生活）

ISBN 978 - 7 - 5216 - 2572 - 1

Ⅰ. ①心…　Ⅱ. ①赵…　Ⅲ. ①心理学 - 通俗读物②气质 - 通俗读物　Ⅳ. ①B84 - 49

中国版本图书馆 CIP 数据核字（2022）第 042346 号

策划编辑：杨　智（yangzhibnulaw@ 126. com）
责任编辑：刘　悦　　封面设计：杨鑫宇

心理学与气质修炼

XINLIXUE YU QIZHI XIULIAN

著者/赵舜

经销/新华书店

印刷/北京海纳百川印刷有限公司

开本/710 毫米 × 1000 毫米　16 开　　印张/13. 25　字数/188 千

版次/2022 年 4 月第 3 版　　2022 年 4 月第 1 次印刷

中国法制出版社出版

书号 ISBN 978 - 7 - 5216 - 2572 - 1　　定价：39. 80 元

北京市西城区西便门西里甲 16 号西便门办公区

邮政编码 100053　　传真：010 - 63141600

网址：http：//www. zgfzs. com　　**编辑部电话：010 - 63141816**

市场营销部电话：010 - 63141612　　**印务部电话：010 - 63141606**

（如有印装质量问题，请与本社印务部联系。）